나의 첫 자유여행 ✈

오사카인
트래블 그램

KB177551

OSAKA IN
TRAVELGRAM

방병구 사진, 글

나의 첫 자유여행 ✈
오사카 인
트래블 그램

📖 동양북스

프롤로그

2010년 8월, 홀로 첫 해외 여행을 떠났다. 친구가 일본에 살고 있다는 이유 하나만으로 무작정 떠난 도쿄. 한여름의 도쿄는 번갈아 가며 비와 폭염이 나를 반겼고, 나는 그 속에서 여행의 설렘을 사진기에 담고 또 담았다. 비와 함께 하는 날에는 투명한 비닐 우산을 목에 끼우고 거리의 비 냄새를 담았고, 뙤약볕 밑에서는 현기증 나는 더위 속에서 이국의 낯선 오후를 담았다. 끈적거리는 비와 폭염… 그 어떤 것도 나의 설렘을 씻겨내고 녹여 내리지는 못했다. 여하튼 나의 첫 자유 여행에 대한 기억은 여벌의 옷을 더 챙겨올 걸 하는 아쉬움 외엔 조금의 부족함 없이 즐겁고 행복했다.

그 뒤로 여행에 대한 자신감이 조금 생겨 길지 않은 시간에 또 한 번 일본으로 여행을 떠났다. 나의 행선지는 도쿄에 견주어도 맛과 멋에 손색이 없는 오사카였다. (이것이 나의 첫 오사카 여행이다) 휘황찬란한 네온사인, 커다랗고 재미있는 간판, 500엔짜리 동전 하나로 즐길 수 있는 길거리 음식들, 낡고 오래되어 더 걷고 싶은 거리, 일본에서 가장 높은 빌딩, 가장 로맨틱한 전망대까지. 오사카는 그야말로 우리나라 사람들이 가장 많이 찾는 이유들로 가득했다.

2018년 8월 취재차 오사카에 다녀왔다. 처음 오사카에 가는 사람들이 허투루 돈을 쓰지 않고 좋은 기억을 안고 돌아갈 만한 곳을 찾아 다녔다. 그렇게 만든 이 책은 A부터 Z까지 담긴 여행서는 아니다. 그렇다고 먼 곳에 다녀와 거창한 깨달음을 얻은 교훈 같은 얘기가 담겨 있지도 않다. 대신 소중한 사람과 함께 하고 싶은 곳, 나만 알고 싶은 맛있는 곳을 골라 담았다. 또 그 곳에서 마주보며 서로 건넸을 법한 얘기를 담았다.

처음 이 책을 쓸 때는 적잖은 나이에 새로운 도전을 한다는 것 자체가 가능할까 싶었다. 나의 이런 쓸데없는 망설임과 걱정을 나의 첫 자유 여행만큼 설레고 즐거운 작업으로 만들어 준 권민서 차장님과 여지영 실장님, 8월의 폭염을 같이 걸으며 땀 흘려 도와준 용준이, 힘들다고 투정하면 언제든지 술 사주며 응원해 준 인선이, 세영이, 나보다 더 날 응원해 준 예쁜 은아, 오빠만큼 잘하는 사람도 없다고 착한 거짓말을 해 준 진아에게 감사의 말을 전한다.

그리고, 언제나 내편인 세상에서 가장 사랑하는 엄마…
고맙습니다.

TRIP ❶ HANGꞰOK STAGRAM 떠나기 전

TRIP ❷ TOUR STAGRAM 관광 명소를 찾아서

TRIP ❸ FOOD STAGRAM　맛집을 찾아서

TRIP ❹ DAILY STAGRAM　일상의 빛을 찾아서

TRIP ❺ INFORMATION　즐거운 여행을 위하여

이 책을 즐기는 5가지 방법

① SNS로 기록하는 여행 일상

SNS 사용자를 위한 여행 가이드 북으로 관광지와 맛집을 비롯해 오사카의 일상을 사진으로 소개했다. 이 책에 수록된 사진의 장소와 스타일을 따라 셔터를 눌러보자. SNS에 멋스런 나만의 여행 기록을 남길 수 있을 것이다.

② 남다른 시선으로 보는 오사카

한국인에게는 너무도 친숙한 오사카. 오사카를 새롭게 발굴하는 재미를 느낄 수 있도록 베스트 스폿을 남다른 시선으로 소개했다.

일러두기

본문에 사용한 일본어 표기는 국립국어원에서 지정한 일본어 표기법을 기준으로 했습니다. 상호명은 정보 찾기가 용이하도록 한글, 원어를 동시에 표기했습니다. 이 책은 2019년 2월까지 최신 정보를 수집하여 싣고자 노력했습니다. 출판 후 독자의 여행 시점과 동선에 따라 정보가 변동 될 수 있습니다. 도서를 이용하면서 불편한 점이나 틀린 정보에 대한 의견은 다음 메일로 보내주십시오.
✉ dybooks2@gmail.com

③ 내 취향대로 떠나는 여행

취향에 맞게 여행을 할 수 있도록 여행지를 분류하고 대표적인 스폿을 골라 다양한 일정을 제시했다. 내 스타일에 맞는 코스를 선택해 그대로 따라가면 된다. 첫 자유 여행도 여유롭게 즐길 수 있다.

④ 구글 맵으로 더욱 간편하게 이동!

QR을 스캔하면 구글 맵으로 연결되어 현재 위치에서 해당 지역까지 가는 방법을 간편하게 확인할 수 있다. 어디에 있든 당황하지 말고 지도를 따라가면 OK! 근처에 있는 명소와 음식점 등의 위치도 덤으로 확인할 수 있다.

⑤ 필수 회화문 수록

어색한 미소와 손짓만으로는 알찬 여행을 누리기 힘들다. 이 책은 현지에서 바로 쓸 수 있는 필수 회화문을 실었다. 말이 안 통해도 당황하지 않고 책에 수록된 일본어를 구사해보자. 오사카 자유 여행을 제대로 만끽할 수 있을 것이다.

나의 오사카

오사카에 대한 생각

2018년 방일 여행자 수가 연간 3천만 명을 넘었다고 한다. 그렇다면 한국인이 첫 자유여행으로 일본을 갈 때 가장 많이 선택하는 곳은 어디일까? 수도 도쿄도, 비행 시간이 짧은 후쿠오카도 아닌 바로 오사카다. 오사카라고 하면 오사카부府를 가리키기도 하고 오사카시市를 가리키기도 한다. 우리가 여행 목적지로 정하는 곳은 대부분 오사카시市다.
오사카는 분지 지형으로 되어 있어 여름 기온이 매우 높은 편이다. 그래서 여름에는 여행을 권하고 싶지 않다. 반면 겨울은 한국의 초봄 정도의 날씨가 계속돼 한파를 피해 여행가기에 좋다. 가장 좋은 계절은 벚꽃이 피기 전인 3~4월과 11월~12월 사이.

오사카에서는 먹다 망한다

옛날부터 '식도락의 거리'라고 불렸다. 일본 전국의 맛이 모여 있다고해도 과언이 아닐 정도로 가볍게 즐길 수 있는 길거리 음식부터 수십 년 그 명맥을 이어 온 가게들이 즐비하다. 그도 그럴 것이 가까이에 바다와 산이 있어 모든 자연의 혜택을 쉽게 얻을 수 있을 뿐만 아니라 항구 도시라 먼 지역으로부터 산물이 운반된다.
현재는 일식뿐 아니라 전세계 다양한 음식의 격전지이며, 값도 저렴하다. 오사카에서는 먹다 망하다는 말이 우스갯소리처럼 들리지 않는다. 그리고 화려한 간판이 수놓은 밤이 있고 아기자기한 일본 감성을 느낄 수 있는 거리가 있고 활기찬 도시의 모습도 볼 수 있다. 그래서 여행 내내 들뜨고 차분해지는 순간이 반복적으로 이뤄진다.

또 구수한 사투리와 익살스러운 말재간으로 손님을 대하는 가게들을 보면 일본 개그맨의 90%가 오사카 지역 출신이라는 게 실로 납득이 간다. 간혹 오사카 사람들의 다소 강한 어조는 직설적이고 무례하다고 여겨지기도 한다. 하지만 열정적이고 적극이라고 생각한다. 그래서 어쩔 때는 중남미 사람들의 피가 흐르는 건 아닌가 하는 바보 같은 생각을 할 때도 있다.

비행기로 2시간이 채 걸리지 않고 저렴한 항공권과 운항 편수가 많아 가장 만만한(?) 여행지로 삼기 좋은 오사카. 우리와 닮은 점이 많아 편안하게 여행을 즐길 수 있는 도시가 아닌가 싶다.

오사카, 맛있는 빛의 도시

도시명

일본을 대표하는 일본 제 2의 도시로, 도쿄에 이어 경제, 문화 등의 중심지이다. 일본어를 공용어로 쓰며 일본어한자, 히라가나, 가타카나를 문자로 쓴다.

화폐

화폐 단위는 엔円으로 1,000엔, 5,000엔, 10,000엔짜리 지폐와 500엔, 100엔짜리 동전, 그리고 50엔, 10엔, 5엔, 1엔짜리 동전을 사용한다. 일본에서는 소비자가 직접 소비세를 지불해야 하는 경우가 많다. 상품 금액에 '세금 포함税込み'이라고 적혀 있지 않은 경우에는 계산서에 상품 금액 이외에 소비세가 추가되어 청구된다. 그래서 계산대에서 동전을 하나하나 세어가며 지불하는 모습을 흔히 볼 수 있다.

시내 교통

JR을 중심으로 각종 지하철과 전철 노선이 도심 곳곳을 연결해준다. 한국 지하철보다 환승 방법도 불편하고 거리도 짧지 않으므로 조금 걷더라도 환승하지 않고 갈 수 있는 경로를 선택하는 게 좋다. 거리에 따라 요금이 달라지며, 객실 내에서는 한국어 안내가 나와서 편리하다. 버스 역시 가는 곳에 따라 요금이 달라지는데, 본인이 내릴 역의 금액을 확인하여 요금통에 직접 넣으면 된다. 뒷문으로 타서 요금통이 있는 앞문으로 하차한다.

신용카드

가게마다 다르지만 신용카드를 받지 않는 곳이 꽤 있다. 현금이 부족할 수 있으니 물건을 사기 전, 신용카드로 지불할 수 있는 곳인지 미리 확인하면 좋다. 은행 자동화기기 외에도 편의점에 설치된 ATM에서도 현금을 인출할 수 있다. 자동화기기는 대부분 영어 지원이 되며 한국어 지원이 되는 것도 있다. 둘 다 안 된다면 'お引出し'라고 쓰인 것을 누르면 된다.

인터넷망

공항이나 호텔 등에서는 와이파이를 사용할 수 있는 곳이 많다. 속도가 조금 느리지만 급한 대로 쓸 정도는 된다. 공항에 도착해 유심카드를 구입하여 사용하거나 출발 전 포켓와이파이를 빌려 가면 편리하게 쓸 수 있다.

전화

일본의 국가 번호는 81이고, 오사카의 지역 번호는 06이다. 일본에서 한국으로 전화를 걸 때는 한국 국가 번호인 82를 누르고 0을 뺀 지역 번호, 또는 앞자리 0을 뺀 휴대전화 번호를 누르면 된다.

전압

220볼트인 한국과 달리 일본의 전압은 110볼트이다. 플러그가 다르기 때문에 '돼지코'라고 부르는 어댑터를 챙겨 가야 전자제품을 사용할 수 있다. 호텔에는 인터내셔널 플러그가 설치되어 있지만, 없는 곳도 많으니 미리 챙겨 가면 좋다.

여행 비자

대한민국 여권 소지자는 여행 목적으로 최대 90일까지 비자가 없어도 체류할 수 있다.

시차

우리와 동일한 시간대로 시차가 없다. 서울-오사카 기준으로 비행 거리는 829킬로미터 정도로 약 1시간~1시간 30분 가량 소요된다.

사계절이 즐거운 오사카

1	2	3	4	5	6

1월 초순
도오카 에비스 마쓰리
十日惠比須祭り

간사이 지방의
최대 축제.

장소 : 난카이
난바 역~ 이마미
야에비스 신사

5월 3일~5월 5일
다카쓰키
재즈스트리트
Takatsuki Jazz
Street

재즈 패스티벌.

장소 : 다카쓰키시
역 일대

2월 중순~3월 초순
덴진 우메 마쓰리
天神橋梅祭り

매실 축제.

장소 : 덴만구

3월 중순~4월 초순
사쿠라 마쓰리
桜祭り

화려한 벚꽃 축제
오사카성.

장소 : 게마사쿠라노미야
공원 등

1월 14일
도야도야 마쓰리
どやどや祭り

천하태평 기원
축제.

장소 : 시텐노지

5월 하순
크래프트
비어라이브
Craft Beer Live

맥주 축제.

장소 : 난바

6월 하순
아이젠 마쓰리
愛染祭り

여름을 알리는
풍물 축제.

장소 : 시텐노지

7　　　**8**　　　**9**　　　**10**　　　**11**　　　**12**

8월 초순
스미요시 마쓰리
住吉祭り

오사카 3대 마쓰리.
여름 축제의 피날레.

장소 : 스미요시
공원

8월 초순
**나니와요도가와 불
꽃놀이 대회**
なにわ淀川花火大会

오사카 최대 불꽃
놀이.

장소 : 요도가와 강가

10월 둘째주
일요일
미도스지 퍼레이드
御堂筋パレード

국제 퍼레이드
축제.

장소 : 오사카시청
인근 미도스지 일대

9월 중순
단지리 마쓰리
だんじり祭り

399여 년 전통의
박력 넘치는 축제.

장소 : 기시와다 역
~ 하루키 역

7월 하순
덴진 마쓰리
天神祭り

일본의 3대 축제.
대규모 불꽃놀이.

장소 : 덴만구 일대

8월 하순
간가라 불축제
がんがら火祭り

오사카 대표 마쓰리.

장소 : 이케다 역

11월 하순~12월 하순
오사카 빛 축제 大阪 光の饗宴

아름다운 야경을 감상할 수 있는 축제.

장소 : 우메다, 난바 등

가볍고 든든한 준비물

여권

여권은 각 시청, 도청, 구청에서 쉽게 발급받을 수 있다. 여권용 사진을 부착하고 신청서를 작성하여 제출하면 일주일 안으로 받을 수 있다. 여권이 있다면 유효기간을 미리 확인해야 한다. 일본은 무비자로 최대 90일까지 체류할 수 있기 때문에 6개월 이상 유효기간이 남아 있어야 항공권을 구매할 수 있기 때문이다. 수없이 확인하고 또 해도 지나치지 않을 만큼 중요한 여권. 출발 전, 공항에서, 여행지에서 수시로 확인하여 잃어버리지 않도록 한다.

항공권과 호텔 바우처

항공권은 항공사에서 직접 구매할 수도 있고 여행사에서도 구매할 수 있다. 저가항공사에서는 가끔 이벤트를 통해 저렴하게 항공권을 판매하기도 하니 수시로 항공사 사이트를 확인하면 좋겠다. e-티켓은 휴대전화 분실 시를 대비해 1부 출력해 가져가면 좋다. 호텔은 현지에서 당일 부킹할 수도 있지만 성수기에는 가격이 비쌀 수 있다. 다양한 호텔 사이트를 통해 미리 예약하는 게 좋고, 호텔 바우처도 출력해 가면 출입국신고서 작성 시 편리하다.

환전

시중 은행에서 미리 해두는 것이 좋은데, 주거래 은행의 앱을 이용하면 더 편리하다. 은행에서 운용하는 어플에서 원하는 금액을 환전한 뒤 공항 은행창구에서 수령하면 된다. 환율 우대도 되고 공항에서 수령하니 시간도 절약할 수 있다. 미리 환전하지 못한 경우에는 환율이 높긴 하지만 공항에 있는 은행에서 환전하면 된다.

포켓 와이파이, 로밍

인터넷망을 사용하려면 포켓 와이파이나 로밍을 통해 데이터를 이용해야 하는데, 일본에서도 이 두 가지 방법으로 인터넷을 사용할 수 있다. 이 중 포켓 와이파이는 대개 데이터 무제한으로 사용할 수 있고, 여러 명이 동시에 사용할 수 있기 때문에 가장 추천하는 방법이다. 또 로밍을 신청하면서 데이터 사용까지 신청하면 기기를 따로 들고 다녀야 하는 번거로움 없이 인터넷을 이용할 수 있다. 하지만 가격이 싸지 않고 정해진 데이터 사용량이 넘으면 인터넷 속도가 현저히 떨어지기 때문에 사용량을 종종 확인해야 한다. 이외에도 현지에서 심카드를 구매해서 사용하는 방법도 있는데, 이는 현지 번호를 부여받는 방식이라 한국에서 오는 전화나 메시지는 받을 수 없다는 단점이 있다.

짐 꾸리기

계절에 맞는 옷과 세면도구, 비상약 등은 기본이
고, 이외에 전자기기 충전기와 케이블, 돼지코라
불리는 110볼트용 플러그도 잊지 말고 챙겨야 한
다. 항공사마다 다르긴 하지만 기내 반입이 가능
한 캐리어는 20인치 정도이고, 이보다 큰 캐리어
는 탑승 수속 시 수하물로 부치면 된다. 이때 배터
리 종류는 수하물로 부칠 수 없고 본인이 휴대하
는 가방에 넣어야 한다. 항공사에서 제시한 위험
물품(라이터, 칼, 인화성 액체 등)이 무엇인지 미리

확인하고 두고 짐을 싸면 공항에서 트렁크를 다시
펼치는 일은 없다.

◆ 유용한 어플

구글 맵
전철로 이동할 때 출발지와 도착
지, 환승역까지 소상하게 알려준
다. 우리말 번역이 가능한 데다 시
간과 금액까지 알려주는 기특한
어플.

파파고
말이 더 필요 없는 통역 어플. 평
상시의 통역이나 번역은 물론이
고, 쇼핑할 때도 도움이 된다. 사
고자 하는 물건이 우리말로 무엇
인지 궁금할 때 카메라로 찍으면
바로 번역을 해준다.

Japan Connected-free Wi-Fi
일본 각지의 무료 와이파이에 쉽
게 접속하도록 돕는 외국인 관광
객 전용 어플. 이메일 등으로 가
입해야 사용할 수 있다.

타베로그
일본 전역의 맛집을 소개하는 어
플. 한국어 서비스를 제공해 어
렵지 않게 맛집 정보를 확인할 수
있다.

트립어드바이저
맛집, 숙소, 명소 등 여행 정보가
총 망라된 글로벌 여행 정보 제공
어플. 사용자의 평점으로 순위가
매겨지기 때문에 믿을 만하다.

Tripla
음식점, 투어, 엑티비티, 택시 등
을 무료로 예약해주는 어플이다.
한국어 채팅을 통해 간단하게 예
약할 수 있다.

알고 쓰면 요긴한 패스

간사이 지방의 철도는 예행 연습이 필요할 정도로 많은 노선이 있다. 여행의 목적이나 스타일에 맞게 미리 패스를 준비하는 게 필요하다. 대부분의 패스는 한국에서 미리 구매 가능하며 가격도 저렴하다.

공항에서 시내까지 가는 방법

간사이 공항에서 시내까지 방법은 다양하다. 라피트를 타고 난바가서 이동하는 방법이 가장 빠르지만 배차 시간이 긴 편이다.

리무진을 이용하면 시간은 좀 더 걸리지만 오사카 시내 주요 호텔 앞에 내려주니 이동이 편리하다. 가장 합리적인 방법은 라피트 편도와 원데이 패스가 합쳐져 있는 요코소 오사카 티켓이다.

가격은 라피트(34분) 1130엔 / 공항 급행(45분) 920엔 / 리무진(1시간) 1550엔.

주유 패스

오사카 여행이 처음이라면 무조건 선택해야 하는 필수 패스. 승차권 1장으로 버스, 전철, 뉴트램을 무제한으로 탑승할 수 있고, 유명 관광 명소에서는 입장 무료 및 할인을 받을 수 있다.

가격은 1일권 2500엔 / 2일권 3300엔. 구매 장소는 국내에서는 오픈 마켓, 소셜 커머스, 여행사 사이트 등이 있고, 현지에서는 오사카 역 관광 안내소, 난바 역 관광 안내소, 지하철 역 및 호텔 등이 있다.

– 이용이 가능한 노선
- 1일권

지하철 – 오사카 메트로 전 노선 (M미도스지 선, C주오 선, N나가호리츠루미료쿠치 선, T다니마치 선, S센니치마에 선, I이마자토스지 선, Y요쓰바시 선, K사카이스지 선, P난코포트타운 선)

사철 – 한큐 전철, 난카이 전철, 긴테츠 전철, 게이한 전철, 한신 전철
- 2일권 – 오사카 메트로만 이용 가능. (사철은 이용 불가.)

- 현지에서 구매하는 것보다 국내에서 구매하는 것이 더 저렴하다. (택배로 실물을 수령하거나 김포공항이나 인천공항에서 바우처 제시 후 실물로 교환 가능하다.)
- 이용 시간은 사용 시작부터 24시간이 아닌 첫차부터 막차 시간까지가 기준. (쉽게 말해 개찰구에 처음 패스를 넣은 시점부터 당일 막차 시간이 1일권의 범위이다.)
- 월요일에 휴관하는 시설이 많으니 피해서 이용. (수~토는 휴관하는 시설이 없음.)
- 지하철 노선은 이름보다 알파벳이나 색깔로 구분하는 게 쉽다.
- 동봉되어 있는 가이드북은 패스를 이용하는 날에는 항상 지참하자. (지도 및 여행 코스도 잘 정리되어 있고 할인 쿠폰을 제시해야 되는 시설에서는 쿠폰을 떼서 줘야 한다.)
- 간사이 공항에 일찍 도착한다면 난카이 공항 확장판을 구매하는 것도 괜찮다. (3200엔)

오사카 원데이 패스
오사카 지하철과 버스를 하루 동안 무제한 이용할 수 있다.

가격은 1일권 700엔/ 2일권 1,300엔이며, 국내 에서는 오픈 마켓, 소셜 커머스, 여행사 사이트 등, 현지에서는 간사이 공항 투어리스트 인포메이션 센터, 2터미널 관광 정보센터에서 구매할 수 있다.

- 국내에서 구매 시 '오사카 비지터스 티켓'으로 검색해야 나온다.
- 관광 시설 입장 없이 지하철을 3회 이상 탈 예정이라면 구매하는 게 이득이다.
- 주말에는 100엔 더 저렴한 엔조이 에코 카드를 이용하는 게 좋다.

엔조이 에코 카드

오사카 시내 관광 시설의 입장료 할인을 제공한다. 오사카 지하철과 버스, 뉴트램을 하루 동안 무제한 이용할 수 있다.

가격은 평일 800엔 / 주말, 휴일 600엔 / 소인 300엔. 지하철 역 발매기 및 정기권 발매소 또는 버스 내 및 오사카 시티 버스 영업소 등에서 구매할 수 있다.

• 주말 가격이 싸고 소아용 티켓이 따로 있어 아이를 동반한 여행객에게 좋다.

요코소 오사카 티켓

난카이 전철 공항특급 라피트 편도 승차권(간사이공항 – 난바)이 포함되어 있다.
오사카 지하철과 버스, 뉴트램을 하루 동안 무제한 이용할 수 있다.

가격은 1,500엔. 국내에서는 오픈 마켓, 소셜 커머스, 여행사 사이트 등, 현지에서는 간사이 공항 역 난카이 티켓 오피스에서 구매할 수 있다.

• 라피트 승차 전에 반드시 교환권을 실물 티켓으로 교환해야 된다.
• 원데이 패스와 라피트 편도 티켓이 결합되어 있어 공항에서 바로 난바 역이나 근처 역으로 갈 때 유용하다. (원데이 패스가 있으므로 추가 요금이 없다. 단, 시내에서 공항으로 이동은 불가.)

가이유 킷푸

가이유칸 수족관 입장권과 원데이 패스가 결합된
티켓이다.

가격은 성인 2,550엔 / 소인 1,300엔. 국내에서
는 오픈 마켓, 소셜 커머스, 여행사 사이트 등, 현
지에서는 간사이 공항 투어리스트 인포메이션 센
터, 지하철 및 뉴트램 모든 역의 매표소에서 구매
할 수 있다.

- 가이유칸에 갈 계획이 있다면 구매하는 게 좋다. (성인
  기준 2,300엔)
- 당일에 한해 재입관이 가능하다. (단, 출구 카운터에서
  투명 스탬프를 받아야 한다.)

한큐 투어리스트 패스

오사카 우메다 역과 교토 가와라마치 역, 고베 산
노미야 역을 이어주는 한큐 전철 무제한 패스.

가격은 1일권 800엔 / 2일권 1,400엔. 국내에
서는 오픈 마켓, 소셜 커머스, 여행사 사이트 등,
현지에서는 간사이 공항 투어리스트 인포메이션
센터, 한큐전철 우메다 역, 교토타워 3층 등에서
구매할 수 있다.

- 교토 아라시야마까지 갈 계획이거나 교토, 고베를 하
  루에 다 둘러볼 부지런한 여행객에게 적합한 패스.

한신 투어리스트 패스

오사카 우메다와 난바, 고베를 연결해주는 한신 전철 및 고베 고속 선 무제한 패스.

가격은 700엔. 구매 장소는 국내는 오픈 마켓, 소셜 커머스, 여행사 사이트 등, 현지는 간사이 공항 투어리스트 인포메이션 센터, 한큐 투어리스트 센터(한큐 전철 우메다 역 1층)이다.

• 당일치기 고베 여행에 적합한 패스.

간사이 쓰루 패스

일본 간사이 지역을 여행할 수 있는 패스로 지하철, 기차, 버스 등 전부 이용할 수 있어 오사카, 고베, 교토는 물론 나라, 와카야 등을 자유롭게 이동할 수 있다. 가격이 비싼만큼 이동 가능한 범위가 넓다. 같은 곳을 더 저렴하게 갈 수 있는 방법이 많아 추천하지 않는다.

가격은 2일권 4,000엔 / 3일권 5,200엔. (플렉시블하게 사용 가능.) 구매 장소는 국내는 오픈 마켓, 소셜 커머스, 여행사 사이트 등이고 현지는 간사이 공항 투어리스트 인포메이션 센터, 지하철 및 트램 모든 역의 매표소이다.

JR간사이 미니 패스

오사카, 교토, 고베, 나라 지역의 JR열차 무제한 탑승이 가능한 패스. 각 지역의 관광지 혜택을 받을 수 있는 쿠폰도 포함되어 있다.

단, JR열차의 신쾌속, 쾌속, 보통 열차만 이용 가능하다. (신칸센 및 하루카 이용 불가.) 개시 후 3일 연속 사용할 수 있다.

가격은 성인 3,000엔 소인 1,500엔. 국내에서는 오픈 마켓, 소셜 커머스, 여행사 사이트 등에서 구매할 수 있으며 현지에서는 구매할 수 없다.

- 2박3일 일정이라면 간사이 공항 – 오사카 시내를 추가 비용 없이 이용할 수 있어 이득.
- 짧고 굵게 근거리 여행에 적합.
- 오사카 지하철을 이용할 수 없어 시내에서 이동이 조금 불편하다.

이코카 & 하루카

이코카는 우리나라 충전식 교통카드와 같다. 이코카 카드를 갖고 있으면 특급 열차인 하루카를 할인된 금액(덴노지 1,100엔 ~ 교토 1,600엔)으로 이용할 수 있어 세트 상품으로 보면 된다.

하루카는 간사이 공항과 덴노지, 신오사카, 교토 등 간사이 주요 도시를 연결해 주는 특급 열차이다. 가격은 2,000엔(보증금 500엔 포함)으로, 충전해서 계속 사용 가능하고 카드 반납 시 수수료(220엔)를 제외하고 환불해 준다.

우메다

신후쿠시마

오사카코

와타니베바시

신사이시바시

도톤보리

난바

닛폰바시

난카이난바

JR오사카

덴노

도부츠엔미에

간사이

● 오사카성

● 다니마치욘초메

주오 선

あべのべあ

● 하루카스 300

● 아베노

미도스지
선

● 기타 지역
백화점 및 대형 지하 쇼핑몰이 밀집해 있는 우메다 역 주변이다. 우메다 스카이빌딩, 신우메다시티, 나카자키초, 헵파이브 등이 있다.

● 미나미 지역
오사카의 풍경을 상징하는 오사카 관광 명소의 중심지이자 식도락 문화의 발상지이다. 도톤보리를 비롯해 덴덴타운, 구로몬이치바, 아메리카무라 등이 있다.

● 덴노지, 아베노 지역
최첨단 고층 빌딩과 서민의 소박한 일상이 공존하는 지역이다. 아베노 하루카스, 신세카이, 덴노지공원, 쓰텐카쿠 등이 있다.

● 오사카성 지역
오사카의 상징 중 하나로 시내에서 가장 숲이 우거진 지역이다. 오사카성을 비롯해 오사카 역사박물관 등이 있다.

● 항만 지역
바다와 맞닿은 곳에 위치한 지역이다. 덴포잔 대관람차, 유니버설 스튜디오 재팬, 수족관, 스타디움 등 다양한 관광 명소가 있다.

핫 스폿만 보는 지하철 노선도

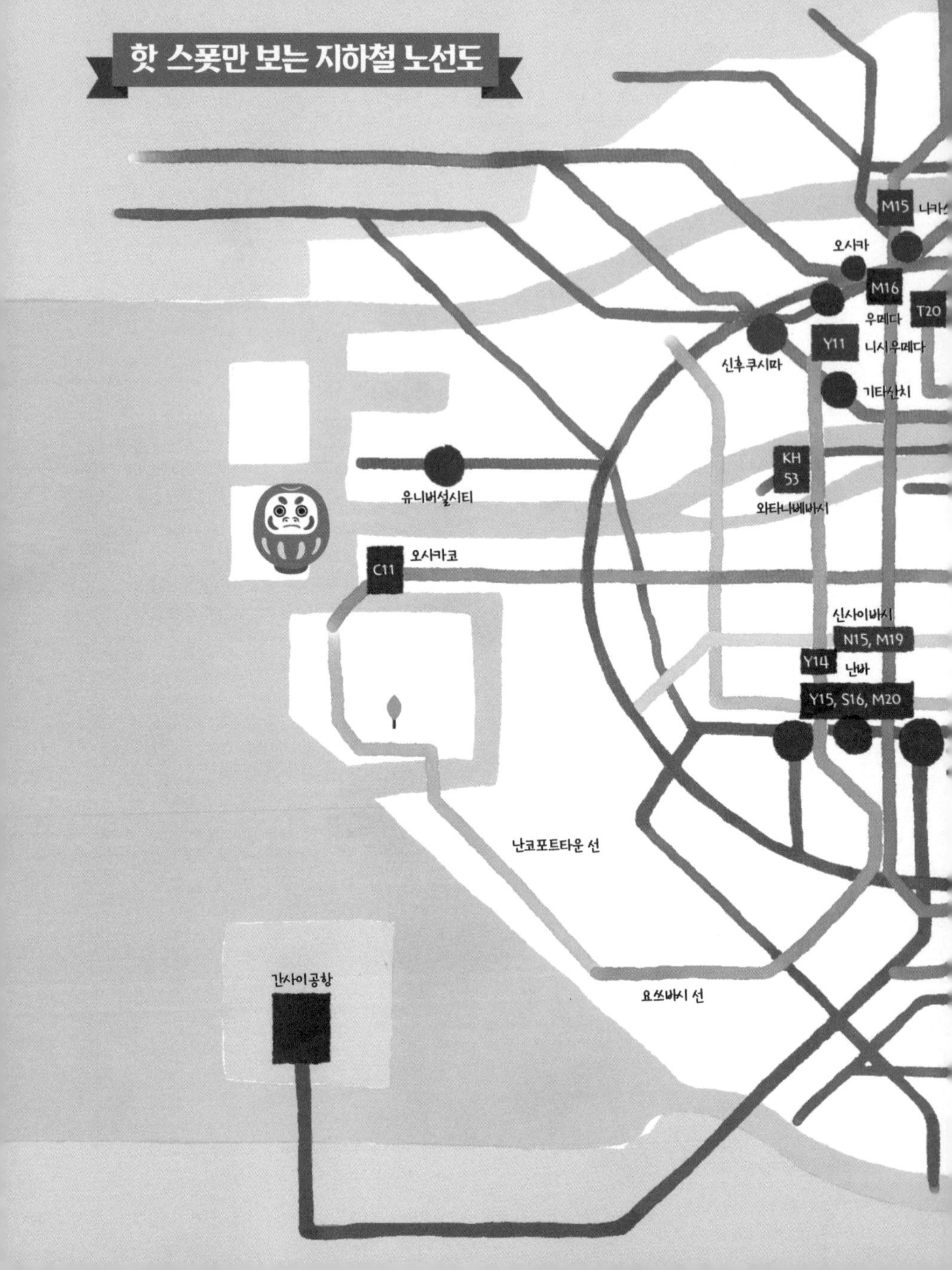

M15 나라선

오사카

M16

우메다

T20

Y11

신후쿠시마

니시 우메다

기타산치

KH 53

와타나베바시

유니버설시티

오사카코

C11

신사이바시

N15, M19

Y14 난바

Y15, S16, M20

난코포트타운 선

요쓰바시 선

간사이공항

오사카 추천 일정

① 1박2일, 알이 꽉 찬 여행

1day

오사카성

도톤보리

신사이바시

2day

헵파이브

우메다 공중정원

아메리카무라

추천 패스 : 오사카 원데이 패스, 주유 패스

② 2박 3일, SNS 인생샷

1day

신세카이 ··· ▶ 호리에 ··· ▶ 아메리카무라

2day

나카자키초 ◀··· 기타하마 ◀··· 가라호리 상점가

3day

티사이트 ··· ▶ 오사카 역

추천 패스 : 오사카 원데이 패스, 요코소 오사카 티켓

③ 1박 2일, 아이와 함께 떠나는 여행

1day

가이유칸 → 레고랜드 → 덴포잔 관람차

2day

USJ ← 지라이언 뮤지엄

추천 패스 : 주유 패스, 가이유 킷푸

④ 1일, 감성 가득 카페 투어

1day

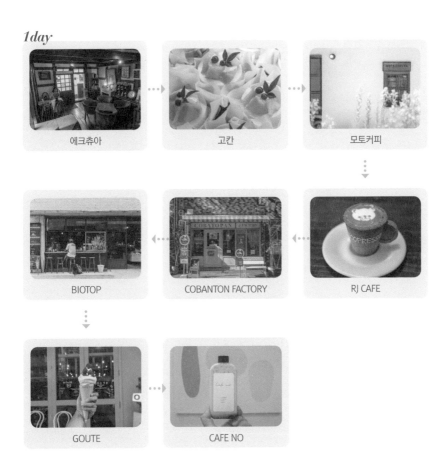

에크츄아 → 고칸 → 모토커피

BIOTOP ← COBANTON FACTORY ← RJ CAFE

GOUTE → CAFE NO

추천 패스 : 오사카 원데이 패스, 요코소 오사카 티켓

사진이 예술이 되는 베스트 스폿

🏆 우메다 공중정원
오사카 우메다의 랜드마크로 170m 높이에서 막힘없이 파노라마 전경을 볼 수 있다.

📍 하루카스300

일본에서 제일 높은 빌딩. 대형 백화점과 미술관 등 다양한 볼거리, 즐길 거리가 있다.

📍 도톤보리

오사카의 심벌이라 불러도 과언이 아닌 오사카 남부 대표 번화가. 오사카를 대표하는 맛집이 즐비해 있어 다양한 오사카 음식을 맛볼 수 있다.

오사카성

일본의 3대 성 중 하나. 봄에는 벚꽃놀이 명소로 유명하다.

📍 **USJ (유니버설 스튜디오 재팬)**
하루가 모자랄 정도로 즐거움이 가득한
일본 최대의 테마파크.

역사를 담은 감성 골목길

가라호리 상점가

• • •

#空堀商店街 #골목길산책 #갬성 #타임슬립 #먹부림 #아기자기

🚇 다다니마치谷町 선, 나가호리쓰루미료쿠치長堀鶴見緑地 선 다니마치
로쿠초메谷町六丁目 역 (T24, N18) 3번 출구에서 도보 1분, 마쓰야마치
松屋町 역(N17) 3번 출구 도보 2분

언제였을까? 천천히 주변을 돌아보며 걸었던 때가. 마음에 조그만한 여유 없이 매일을 바쁘게 지내다 보니 이곳저곳을 구경하며 천천히 거니는 일이 좀처럼 없는 거 같다. 국내든 국외든 일상의 탈출로 표현되는 여행이라는 목적이 없이는 말이다.

도톤보리 道頓堀의 화려한 간판을 뒤로하고 난바 難波 역에서 세 정거장을 지나면 가라호리 상점가 있는 마쓰야마치 松屋町 역에 도착하게 된다. 가라호리 상점가는 시끌벅적한 난바 역과는 대조를 이룬다. 거리는 상점가인데도 우체부 아저씨의 자전거 페달 밟는 소리가 크게 들릴 정도로 조용하다. 마치 가족들이 학교로, 직장으로 외출한 텅 빈 오전 10시의 집 안 풍경 같다.

여행의 흥분과 긴장이 차분히 가라앉으면서 마음이 진정되는 듯한 기분마저 든다. 이럴 때면 몸은 들리고, 보이고, 맡아지는 모든 것을 차곡차곡 흡수하는 흡수력 만점의 스펀지가 된다. 즉, '제대로 여행'을 할 수 있는 몸과 마음이 된다는 것이다.

시간을 되돌리는 감성 골목을 걷다

마쓰야마치 역에서 내려 얼기설기 얽혀 있는 좁다란 골목길을 천천히 거닐다 보면 가라호리 상점가에 다다른다. 가라호리 상점가는 제2차 세계 대전 당시 피해를 보지 않은 덕에 옛모습을 간직한 목조건물이 고스란히 남아 있다.

목조건물 중 가장 유명한 곳은 렌 練, LEN. 한눈에 보아도 오랜 세월을 느낄 수 있는 렌은 유형 문화재에 지정되었는데, '오모야'라는 이름의 본관은 1920년대에, 안채·창고·정문 등은 1800년대 지어졌다고 한다. 렌의 정문을 통해 안으로 들어서면 카페, 레스토랑, 공방, 잡화점 등 15개 이상의 크고 작은 상점이 모여 있다. 이 중 초콜릿 디저트를 판매하는 에크츄아 Ek Chuah가 가장 인기가 높다.

렌을 지나면 일본에서 흔하게 볼 수 있는 아케이드 상가에 도달하게 된다. 이곳이 바로 가라호리 상점가이다. 가라호리 상점가는 인근 주민들이 식료품 내지는 생필품을 구입하는 중심 상점가답게 사람들이 제법 많다. 선입견일지 모르겠지만 상점가라고 하면 어쩐지 깔끔하게 획일화된 외관의 상점들이 나란히 줄지어 있는 모습이 연상된다. 하지만 이곳은 모기향을 피워 벌레를 쫓는 과일 가게, 종이 박스를 찢어 가격을 써놓은 야채 가게 등 소박하고 정겨운 분위기로 상점가보다는 시장이라는 표현이 더 어울리는 듯하다.

상점가의 길은 길게 쭉 뻗은 큰길을 중심으로 생선 가시처럼 가느다란 샛길로 되어 있다. 중심의 큰길만 거닐려 해도 샛길 안으로 보이는 묘한 분위기의 가게들이 호기심을 유발한다. 발걸음은 피곤한 줄 모르고 샛길을 걷고 또 걷는다. 혼자 보물찾기라도 하는 양 골목 여기저기를 두리번 거리고, 기웃거리기를 반복한다. 튼튼한 내 다리가 더 이상은 걸을 수 없다고 농성을 벌일 때까지 말이다.

너무도 평범해 특별하기까지 느껴지는 가라호리. 누군가에게는 심심한 풍경일 수도 있겠지만 어느 누군가에게는 반나절이 모자랄 정도로 재미있는 이야기가 샘솟는 곳이다.

- 우에마치上町에서 자전거 대여가 가능하다. 영업시간은 오전 11시부터 오후 10시까지이다. 1시간 / 300엔.
- 렌의 영업시간은 오전 11시부터 오후 7시까지로 휴무일은 매주 수요일이다.
- 골목골목 숨어 있는 가게들이 많으니 천천히 둘러보자.

- 카레 전문점인 구야무테이旧ヤム邸, 오코노미야키 전문점 후사야富紗家도 추천.

혼자 온 사람은 왼쪽에 앉으세요.

↑
우체부의 자전거 페달 소리가
골목을 가득 메운다.

→
골목이 좁아질수록
재밌는 이야기가 늘어나는 가라호리.

가라호리 상점가에는 역사 깊은 가게들이 즐비해 있다.

계단 너머 들리는 웃음소리는
가라호리의 또 다른 이정표.

빈티지 카페 골목에서 숨은 보물찾기
나카자키초

• • •

#中崎町 #카페거리 #숨은보물찾기 #우메다던전 #익선동
#일상방해금지

다니마치谷町 선 나카자키초中崎町 역 (T19) 4번 출구에서 도보 1분

걷는 여행은 언제나 즐겁다. 특히나 소박한 풍경과 감성 넘치는 거리를 호젓하게 걷는 기분은 여행에서만 누릴 수 있는 가장 큰 즐거움이 아닐까 싶다.

나카자키초는 이곳저곳을 기웃거리며 천천히 노닐 듯이 걷고 있으면 더없이 기분이 좋아지는 빈티지 카페 골목이다. 얼핏 보아서는 낡고 오래된 6~70년대 주택이 옹기종기 모여있는 주택가 같다. 하지만 자세히 보면 주택들 사이로 오래된 건물 내부를 살짝 리모델링한 카페, 음식점, 잡화점, 헌책방 등이 구석구석 숨어 있다.

60~70년대풍의 감성 골목

나카자키초는 히가시우메다東梅田 역에서 다니마치谷町 선을 타고 한 정거장이면 도착한다. 하지만 히가시우메다 역은 거대한 지하 미궁처럼 복잡하여 현지인도 헤매는 우메다 던전이라 불리는 역이다. (우메다에는 7개의 역이 있다.) 그래서 자칫하면 한 정거장 때문에 우메다 던전에서 시간과 수고를 아낌없이 버리게 되기 십상이다. 차라리 지하를 벗어나자. 지상에서 구글 지도를 켜고 걷는 것이 현명하다.

걷기를 작정하고 천천히 걸으면 15분. 걷는 동안 도시의 소음이 조금씩 잦아들고, 그 어떤 풍파도 이겨낼 것만 같은 거대하고 세련된 모양의 건물들이 낡은 건물로 바뀌고, 빠른 속도로 오가는 사람들로 가득한 거리가 손에 꼽힐 정도의 사람들만이 간간이 보이는 한적한 거리로 바뀐다. 이렇게 좀 전과는 정반대의 풍경이 펼쳐지면 잠깐 숨을 고르도록 하자. 목적지인 나카자키초에 도착했으니 말이다.

기웃기웃, 숨은 보물찾기

딱히 중심가라고 할 것이 없는 지역이지만 나카자키초 역 4번 출구를 등지고 오른쪽
으로 돌면 차 두 대가 겨우 지날 정도의 골목길이 보인다. 그 길을 따라 쭉 걷기로 한다.
제일 먼저 눈에 띄는 것은 담쟁이 넝쿨을 뒤집어 쓴 2층짜리 목조 주택. 어떤 곳인가
싶어 건물 안을 엿보았다. 목조 주택은 정체를 알기 힘든 가게들이 서너 개 모여 있는
복합 상가였는데, 그 중에서 전봇대로 가게 전면이 살짝 가려진 가게에 사람이 가득
모여 있었다. 자세히 살펴보니 유기농 그래놀라를 파는 곳인 듯했다. 안으로 들어가 줄
을 서서 건강한 맛을 느껴보고도 싶었지만, 그보다는 골목 안쪽 깊숙이 숨은 다른 상
점의 이야기들이 더 궁금했다. 아쉬웠지만 멈춰 섰던 발걸음을 재촉했다.

몇 걸음을 걸었을까? 한눈에 봐도 재미있는 이야기가 있을 것 같은 골목이 눈에 들어
왔다. 골목 안은 여느 주택가처럼 빨래를 너는 사람, 집 앞 화단에 물을 주는 사람이 있
는가 하면, 서너 개의 입간판 뒤로 영업 준비를 마치고 손님을 기다리는 가게, 간판이
없어서 안을 들여다봐야 정체를 알 수 있을 것 같은 가게 등이 있었다. 그 모습은 상점
가이면서 출근 전쟁이 끝나고 여유를 찾은 오후 10시의 주택가처럼 보였다.
천천히 거닐며 건물 하나하나를 기웃거려 보았다. 창문 안이 살짝 가려져 있으면 주택,
낡고 오래된 옷이 진열되어 있으면 중고품 가게, 커피 볶는 향이 나면 카페, 작고 앙증
맞은 것들이 있으면 잡화점, 그림이 걸려 있으면 갤러리….

한참을 걷다 보니 이제 슬슬 골목길 탐방을 끝내야 겠다는 생각이 들었다. 그래서 앞
에 보이는 골목의 끝을 목표로 걸었다. 그런데 이게 웬일. 골목 끝이라 여겼던 곳에 다
다르니 사람 한 명 지나갈 듯한 좁은 길이 나 있었다. 길이 어찌나 좁은지 해가 정수리
중앙에 있는 정오가 아니고서는 건물의 그림자에 완전히 가려 길 위로 햇살이 닿을
일은 전혀 없을 듯했다. 너무도 좁은 길이라 저도 모르게 긴장감이 느껴졌다. 혹시라도
다른 이들의 일상을 방해하는 게 아닐까 싶은 생각마저 들어 조심스레 발걸음을 옮겼다.

"휴우~"

그나마 조금 큰 골목길로 나오자, 그제야 긴장했던 몸이 풀리면서 자연스레 큰 한숨이 나왔다.

나카자키초는 핫플레이스로 떠오르는 서울의 오래된 한옥마을 익선동과 비슷하다. 그도 그럴 것이 과거의 공간과 현재의 사람이 공존하여 만들어내는 여유로운 일상의 이야기가 느껴진다.

나는 이곳에서는 최대한 멈춰 서기를 반복하며 천천히 걷고 또 걷는다. 골목 구석구석에 숨어 있는 보석 같은 소박하고 재미있는 이야기들… 이것을 하나하나 찾아 발견하는 재미는 가히 어릴 때 그리도 좋아했던 숨은 보물찾기에 견줄 만하다.

tip

- 큰길을 제외한 골목은 대부분 주택가이므로 조용히 둘러보자.
- 인스타 감성 뿜뿜 아라비크アラビク 카페, 빈티지 가구와 소품으로 꾸며진 디저트 카페인 다이요노토우太陽の塔 추천.
- 우메다 던전의 역 : 다니마치谷町 선 히가시우메다 역, 오사카 시영 지하철 미도스지御堂筋 선 우메다梅田 역, 한신 우메다 역, 한큐 우메다 역, 오사카 도영 지하철 요쓰바시四つ橋 선 니시우메다西梅田 역, JR그룹 오사카 역, JR 도자이東西 선 기타신치北新地 역.

↑
어서오세요, 나카자키초에.
랜드마크 건물이 된 목조 건물.

→
가게, 집, 가게 순이거나,
집, 가게, 집 순이거나.

출근 전쟁이 끝난, 한가로움이 느껴지는 주택가.

키덜트의 취향 저격 성지
덴덴타운

• • •

#でんでんタウン #키덜트 #건담 #덕질 #성지여행 #취향여행

 사카이스지堺筋 선 에비스초恵美須町 역 (K18) 북A, 1B 출구 근처 또는 난카이 전철 난바難波 역 남쪽 출구

오타쿠, 키덜트, 어른이, 덕후는 소위 마니아라고 불리는 사람들에게 붙는 수식어다. 이들은 명확한 목적을 갖고 일본을 찾는다. 도쿄의 아키하바라秋葉原 또는 오사카의 덴덴타운에서 지름신을 동반한 덕질을 하는 것. 이는 일본이 재패니메이션은 물론 게임, 만화의 산지産地이다 보니 한국에 수입되지 않은 제품을 구매할 수 있고, 한국보다 비교적 저렴한 가격대로 원하는 제품을 살 수 있기 때문이다.

그렇다면 과연 아키하바라와 덴덴타운 둘 중 어디로 가는 게 좋을까? 덕후들은 예전에는 덴덴타운이 다소 저렴한 가격대로 인기를 얻었지만, 최근에는 덴덴타운의 가격이 다소 높아지면서 아키하바라가 질과 양이 더 우수하다고 평한다. 다만 덴덴타운은 교통이 편리하고 오사카의 유명 명소와의 접근도도 좋은 편이라 관광과 덕질을 함께 하기에 좋다고.

지름신 출몰 주의보를 울려라

전자제품 판매점 거리였던 곳이 게임, 애니메이션, 만화 관련 전문 상점이 늘어나게 되면서 덕후의 성지가 된 덴덴타운. 앞서 이야기했듯이 아키하바라에 비해서는 규모가 작다. 그렇다고 우습게 볼 규모는 아니다. 대강 구경하는 데만도 최소 7시간 정도 걸리니 용산 전자상가와는 급이 다르다.

나는 지금 일본의 게임, 애니메이션, 만화 등의 유명 캐릭터들로 꾸며진 간판의 상점들이 정신없게 거리를 가득 메우고 있는 덴덴타운에 서 있다. 게임, 애니메이션의 캐릭터가 가득한 거리는 우리나라에서는 절대로 볼 수 없기에 '과연 본토구나'라는 감탄이 절로 흘렀다. 덕후의 입장에서는 감탄을 넘어서 심장을 벌렁거리게 하는 가히 아름다운(?) 풍경일 것이다.

사람의 취향은 참으로 각기 다르다. 어떤 사람은 고양이를 좋아하지만 개는 싫어하고, 어떤 사람은 개는 좋아하지만 고양이는 싫어하고… 재패니메이션을 좋아하는 사람이 있는 반면 재패니메이션에는 1도 관심이 없는 사람이 있고….

호기심에 유난히 사람들의 발길이 끊이질 않는 상점에 들어갔다. 상점 안은 그야말로 걷기가 힘들 정도로 혼잡했다. 곳곳에 각종 상품이 담긴 박스가 천장까지 쌓여 있었고, 엄청난 양의 피규어, 프라모델, 다이캐스트 등이 현란하게 전시되어 있었다. 그리고 얼마 안 남은 빈자리를 심각한 표정으로 상품을 살펴보는 사람과 상기된 표정으로 상품들을 구경하는 사람들이 가득 메우고 있었다.

자꾸만 천장까지 쌓여있는 박스로 시선이 갔다.
'저 박스를 어떻게 꺼낼까?'
상점 안에서 박스에 담긴 내용물이 아닌 높이 쌓인 박스를 어떻게 꺼내는지에 대해서만 관심을 가지는 이는 나 뿐일 것이다. 재패니메이션에 흥미가 없는 나에게 상점 안의 박스는 단순히 박스일 뿐이다. 누군가에게는 보물이 가득 담긴 보물 상자겠지만. 상점을 이곳저곳 돌아다니는 것도 어떤 이에게는 흥미진진한 판타지 영화의 한 장면처럼 느껴지겠지만 나에게는 월요일 아침 교장 선생님의 훈화보다 지루하다.
그럼에도 불구하고 나는 덴덴타운을 좋아한다. 비록 상품에는 관심이 없지만, 다이나믹한 거리의 풍경과 자신이 애정하는 무언가를 보며 아이처럼 행복해하는 사람들의 모습을 보는 것이 좋다. 그래서 덴덴타운에서는 나도 절로 기분이 좋아진다.

tip

• 유니언 페이나 비자 카드로 5% 할인
  되는 샵들이 많다.
• 에비스초恵美須町 역 북쪽 출구로
  가는 게 가장 가깝다.
• 생각보다 가격이 저렴하지 않으니 가격
  비교는 필수.
• 가게 안은 사진 촬영 불가.

분명, 여기 있었는데….

←
이번엔 어디에 숨기지?
아내 몰래 즐기는 취미는 여간 어려운 게 아니다.

↓
화내지마,
이거 산다고 저번부터 말했잖아.

↑
필요 없지만
괜히 사고 싶은 것들.

→
고민하면
계산하는 줄만 길어진다.

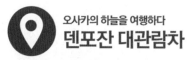

오사카의 하늘을 여행하다

덴포잔 대관람차

• • •

♥ ♡ ⟡   ▽

#天保山大観覧車 #하늘을나는기분 #시스루 #일기예보 #라이트아트 #주유패스

 주오中央 선 오사카코大阪港 역 (C11)에서 도보로 약 5분

이왕 타는 거 조금 특별하게 투명한 걸로.

관람차를 가장 예쁘게 찍는 방법.
1/4만큼만 담기.

맑은 날, 대관람차 정상은 가장 멋진 전망대.

여행 중에 높은 곳에 올라 한눈에 내려다보이는 풍경을 감상하는 건 매우 흥미로운 일이다. 그런 면에서 대관람차는 거친 호흡 내지는 부서질 것만 같은 다리의 통증 없이도 높은 곳에 올라 풍경을 내려다볼 수 있는 좋은 방법이다. 게다가 바람이 불면 살짝 움직여서 약간의 오싹함까지 느낄 수 있다.

하늘을 나는 기분을 주는 빛의 향연

일본은 대관람차에 대한 애정이 남다른 듯하다. 전국에 수십여 개의 대관람차를 운영하고 있으며, 대관람차 연구가라는 직업을 가진 사람도 있다고 한다. 그들은 해외에 기술력을 수출할 정도로 대관람차에 대한 이해가 매우 깊고, 그 실력이 세계적인 수준을 자랑한다고 한다. 이러한 일본에 왔으니 당연히 대관람차를 타봐야겠다.

오사카에서는 헵파이브HEP HIVE 대관람차와 덴포잔 대관람차가 가장 유명하다. 헵파이브 대관람차는 오사카의 도심부를 한눈에 볼 수 있는 반면, 덴포잔 대관람차는 지름 100m로 바닷가 쪽 항구에 위치하고 있어 바다와 도시를 함께 감상할 수 있다. 일정이 빠듯한 도심 중심의 여행이라면 헵파이브가 좋으며, 덴포잔은 인근의 레고랜드, 가이유칸(수족관) 등의 유명 관광지에 가는 여행 코스에 맞춰 들러보는 것이 좋을 듯 싶다.

덴포차는 초록색 주오中央 선 오사카코大阪港 역에 있다. 1번 출구를 나서면 거대한 규모의 대관람차가 보이기 때문에 찾기는 어렵지 않다. 약 5분 정도 걸으면 대관람차 탑승장이라는 표시가 보이고 안내를 따라 엘리베이터를 타고 2층으로 올라가면 된다. 2층에는 티켓 부스가 있는데 한국어로 쓰여 있으니 어렵지 않게 티켓을 구입할 수 있다. 주유 패스가 있으면 무료.
덴포차의 종류는 2가지. 일반 곤돌라와 시스루 곤돌라. 일반은 창 밖을 통해서만 풍경을 바라볼 수 있고, 시스루see-through는 속이 다 비친다는 뜻처럼 바닥이 좌석을 비롯해 모두 투명해서 사방으로 풍경을 즐길 수 있다. 총 60개의 곤돌라 중 8개만이 시스루 곤돌라이기 때문에 일반은 바로 탈 수 있지만 시스루는 한참을 기다려야 탈 수 있다. (3대는 휠체어가 탈 수 있는 배리어프리 곤돌라이다.) 겁이 많다면 시스루보다는 일반을 타자. 시스루는 오금이 저리는 공포감을 느낄 수 있어서 타는 내내 빨리 내려가기만을 바라기 쉽기 때문이다. 하지만 이때 아니면 언제 하늘에 붕 떠있는 기분을 느끼겠는가. 지극히 높이에 대한 공포가 없다면 시스루 곤돌라를 타자. 다만, 나를 욕하지는 마시길.

곤돌라에 탑승하면 본격적인 하늘 여행이 시작된다. 맑은 날이면 동쪽으로 이코마生駒산, 서쪽으로는 아카시明石 해협 대교가 보이고, 남쪽으로 간사이関西국제공항, 북쪽으로는 롯코六甲산까지 오사카 전역이 한눈에 보인다.

덴포잔 대관람차의 즐거운 탑승 시간이 끝나도 아쉬워 하지는 말자. 해가 지면 로맨틱의 절정이라고 하는 대관람차의 라이트 아트가 시작되기 때문이다. 대관람차의 아름다운 빛이 테마에 맞춰 모습을 달리하는데 어찌나 화려하고 아름다운지, 어두운 밤하늘을 수놓는 불꽃놀이를 보는 듯한 기분까지 든다. 여기에 플러스로 내일 날씨를 빛으로 표현하는 일기예보도 감상할 수 있다.

- 인근에 가이유칸, 레고랜드, 자동차박물관 등이 있으니 함께 구경하기 좋다.
- 동선을 잡을 때 일정의 처음, 일정의 마지막을 이곳에서 보내는 것이 좋다.
- 연인의 데이트 코스로 추천. 남남 여행 시 비추.

마음을 현혹하는 주방용품의 천국
센니치마에 도구야스지

· · ·

♥ 💬 📤   🔖

#千日前道具屋筋 #탕진잼 #여행기념품 #남대문

 난카이南海 전철 난바難波 역 (NK01)에서 도보 3분, 지하철 미도스지御堂筋 선 난바難波 역 (M20)에서 도보 3분, 지하철 센니치마에千日前 선 닛폰바시日本橋 역 (S17)에서 도보 5분

요리는 더이상 요리사 또는 어머니만의 전유물이 아닌 거 같다. 먹방이나 쿡방의 영향인지 아니면 삶의 방식이 달라져서인지 모르겠지만, 꽤 다양한 계층의 사람들이 직접 음식을 만들어 먹는다. 나 역시 최근 들어 요리에 대한 관심이 많이 생겼고, 비교적 자주 직접 만들어 먹기도 한다. 그렇기 때문에 내가 오사카를 여행할 때마다 센니치마에 도구야스지를 찾는 건 지극히 당연한 일이다.

요리사가 아니어도 사고 싶은 거 투성이다

난바難波 역에서 센니치마에 방향으로 10분 정도 떨어진 거리에 있다. '도구道具'의 '도道'라는 한자가 크게 적혀 있는 아케이드 상점가가 바로 센니치마에 도구야스지千日前道具屋筋이다.

센니치마에 도구야스지는 주방용품을 파는 상점가이다. 60여 개의 주방용품을 파는 상점으로 이루어졌는데 없는 게 없다고 해도 과언이 아닐 정도로 다양한 종류의 주방용품을 판매한다. 만약 오사카의 어떤 음식점에 들렀을 때 식기나 주방용품 혹은 인테리어 소품이 탐이 났다면 이곳에서 찾아보자. 거의 다 찾을 수 있을 것이다. 그도 그럴 것이 오사카의 음식점 대부분이 이곳에서 식기를 비롯해 주방용품, 인테리어용품을 구입한다.

상점가의 규모는 생각보다 크지 않다. 하지만 우습게 볼 게 아니다. 각각의 상점마다 취급하는 물건의 종류가 엄청 많아서 구경하다 보면 몇 시간은 훌쩍 지나간다. 대다수가 도매 상점이기 때문에 물건의 품질에 비해 가격도 매우 저렴하다. 다만 상점마다 물건들이 잘 정돈되어 있지 않아서 구경하고 고르는 게 쉽지는 않다. 우리나라의 남대문 그릇 상가를 생각하면 된다.

여행자에게 가장 인기가 높은 품목은 귀여운 일본식 식기, 나무로 된 수저 세트, 가정식 다코야키팬, 노렌暖簾(상점 입구의 처마 끝이나 문 앞에 치는 천), 음식 모형의 자석, 세라믹칼 등. 특히, 음식 모형의 자석이나 수저 받침대, 나무수저 세트 등은 주변의 지인에게 부담 없이 선물하기 좋은 여행기념품으로 인기가 높다.

tip

- 짐이 있으면 상점가 입구의 코인 락커를 이용하면 된다. 400엔이다.
- 깨지기 쉬운 식기는 비교적 안전하게 포장해주지만, 식기의 가격대가 저렴할 경우는 셀프 포장을 해야 하기도 하다.
- 신용카드보다는 현금.
- 난바시티, 센니치마에 상점 거리와 연결되어 있어 함께 둘러보면 좋다.
- 일부 상점은 일정 금액 이상 구입하면 면세가 되기도 하다.
- 상점가 입구에 서 있는 도미를 든 마네키네코(행운을 부르는 고양이) 동상은 기념 사진을 찍기 좋은 장소다.

↑
주방에 필요한 모든 것들을
한 곳에서 구매할 수 있다.

←
입구엔 '道', 안에는 '刀'.
'도도'한 도구야스지이다.

↓
1,000원으로도
충분히 쇼핑이 가능하다.

오사카 여행을 인증하는 대표 번화가
도톤보리
• • •

#道頓堀 #글리코상 #진짜오사카 #오사카인증컷 #구이다오레
#재미난간판

🚇 미도스지御堂筋 선, 센니치마에千日前 선, 요쓰바시四つ橋 선의 난카
이 난바難波 역 (M20, Y15, S16) 14번 출구 도보 1분

오른쪽에 보이는 게 글리코 상이다.

낮보다 밤이 더 아름다운 도톤보리.

윈발 들고 만세 불러!
누구나 해 보는 글리코 상 포즈.

오사카 하면 가장 먼저 떠오르는 이미지가 있다. 양팔을 번쩍 든 거대한 글리코 상이 그려진 전광판. 어쩌나 유명한지 글리코 상을 찍지 않고는 오사카 여행을 인증할 수 없다는 말이 돌 정도다. 너무 흔해서 식상하고, 배경인 욱일기가 썩 마음에 들지 않지만 그래도 오사카 여행을 인증하는 가장 확실한 방법이니 글리코 상 간판 인증샷을 찍도록 하자. 자, 오늘은 그 유명한 오사카의 트레이드마크 글리코 상을 만나러 출-발~!

글리코 상이 있는 도톤보리는 밤낮을 가리지 않고 사람들로 북적대는 오사카의 대표 번화가로 도톤보리 강을 옆으로 도톤보리바시道頓堀橋에서부터 닛폰바시日本橋까지의 거리를 말한다. (橋, 바시는 다리를 의미한다.) 도톤보리바시부터 닛폰바시 사이에는 여러 개의 다리가 있는데 가장 유명한 다리가 에비스바시戎橋이다. 에비스바시는 쇼핑가로 유명한 신사이바시 스지와 에비스바시 스지를 잇는 다리로 주변으로 글리코 상을 비롯한 독특한 간판을 자랑하는 수많은 음식점이 있다. 참고로 도톤보리라는 명칭은 1612년 운하를 개척한 '아스이 도톤'이라는 사람의 이름에서 유래되었다.

밤은 낮보다 아름답다

난바 역에 내려 도톤보리로 나가는 출구를 찾는 건 어렵지 않다. 우메다 역만큼 난바 역도 출구를 찾기 힘들지만 길잡이를 따라가면 되기 때문이다. 길잡이는 다름아닌 14번 출구를 향해 빠른 걸음을 걷는 수많은 사람들. 이들은 어쩌나 빨리 걷는지 출발을 알리는 총성과 결승선만 없을 뿐, 경보 경주를 하는 것처럼 보인다. 이런 사람들을 보면 어쩐지 나도 빨리 걸어야 할 것만 같다.

때마침 롱다리의 서양인이 옆을 지나쳐간다. 이기고 싶다는 충동…. 출구 밖을 골인 지점으로 대열에 합류해 빠른 걸음으로 걷는다. 하지만 나의 승부욕은 골인 지점에 채 도달하지 못하고 끝나고 만다. 막판 스퍼트를 내야 하는 중요한 시점에서 두 사람이 겨우 오를 수 있는 폭 좁은 계단으로 인해 병목현상이 일어났기 때문이다. 명절날 서울 요금소를 빠져나가는 일이 더 쉽겠다고 투덜대며 천천히 앞사람을 따라 계단을 오른다.

난바 역을 빠져나와 도톤보리바시를 지나 뷰포인트인 에비스바시로 향한다. 에비스바시로 가는 길 역시 앞서 빠져나온 계단만큼이나 좁고 복잡하다. 마주오는 사람과 어깨 부딪히는 건 예삿일이다. 게다가 어디선가는 풍기는 맛있는 냄새가 자꾸만 잠자는 코끝을 자극한다. 덕분에 에비스바시를 오르기 전까지는 아주 정신이 사납다. 마주 오는 사람 피해야지, 코끝을 자극하는 맛있는 냄새의 근원지를 찾아야지….

드디어 에비스바시에 도착. 어두운 하늘을 제외한 온 사방이 화려한 네온사인 불빛을 내비친다. 다리 아래로 유유히 흐르는 강물도 네온사인의 화려한 불빛을 가득 품고 있다. 자못 무지개로 다리에 있는 듯한 몽환적인 기분이 느껴진다.

다리 위는 오사카의 트레이드마크 글리코 상, 쉴새없이 잔이 채워지는 맥주 등의 대형 간판과 다양한 네온사인을 카메라 혹은 핸드폰에 담아내는 사람들로 매우 혼잡하다. 가장 눈에 띄는 건 글리코 상 간판을 배경으로 플래시몹을 하는 것처럼 다들 만세를 부르고 한쪽 다리를 들고 있는 사람들. 포즈를 취하는 사람은 빨리 찍으라 성화를 대고, 찍는 사람은 끝도 없이 지나가는 사람들로 셔터를 누르는 순간을 잡지 못해 난감한 표정을 짓는다. 혼잡한 사람들 속에서 풍경과 인물을 함께 찍는 건 결코 쉬운 일이 아니다.

"다리 아래에서 찍으면 사람도 없고 더 잘 나와요."
사진을 찍으려 애쓰는 사람에게 무심한 척 한 마디 던지고 도톤보리 상점가로 향한다.

다이어트 따위는 잠시 잊는다

도톤보리 메인 거리의 상점가는 집채만 한 게, 하늘을 날고 있는 복어, 초밥을 말고 있는 손, 간판을 휘어 감은 문어 등 뽐내기라도 하는 듯 재미난 간판들이 가득하다. 체인점 형태의 음식점 앞은 관광객으로 보이는 사람들이 줄을 길게 섰다. 나는 줄을 서지 않는다. 굳이 다른 곳에서도 먹을 수 있는 체인점의 음식을 먹기 위해 시간을 버리는 일은 마음에 드는 사람과 데이트하다 말고 드라마 본방사수하러 가는 것만큼 어리석은 일이라 생각하기 때문이다.

발걸음을 옮겨 도톤보리 강 하류를 향해 걷는다. 비릿한 물 냄새가 나는 것 같지만 그렇게 신경 쓰일 정도는 아니다. 도톤보리 메인 거리에서 팔던 다코야키가 하류쪽에서는 더 싼 가격에 나와 있다. 강 쪽으로 나 있는 벤치에 앉아 다코야키를 입에 넣고 우물거려 본다. 밀가루 반죽 속 문어가 심심할 뻔한 입속을 즐겁게 한다. 문득, '飲み倒れ(구이다 오레, 먹다가 죽는다)'라는 말이 떠올랐다.

- 미도스지御堂筋 선 14번 출구가 가장 가깝다.
- 글리코 상 간판과 함께 찍는 인증샷은 에비스바스 밑 강과 연결된 다리 위에서 찍는 게 좋다.
- 글리코 상 점등 시간은 오후 6시부터 오전 12시까지.
- 줄을 서서 먹는 음식점 대부분은 오사카 시내 곳곳에 체인점이 있다. 굳이 도톤보리에서 시간을 버려가며 먹을 필요는 없다.

서민의 정서가 물씬 풍기는
신세카이

• • •

#新世界 #서민음식 #오사카의에펠탑 #빌리켄 #쓰텐카쿠

🚇 미도스지御堂筋 선 도부쓰엔마에動物園前 역 (M22, K19) 1번 출구

정성껏 붓질한 손 간판, 안이 훤히 들여다보이는 기원, 향수를 불러일으키는 오래된 비디오 게임기, 야시장에서나 볼 법한 사격 게임… 신세카이新世界 즉, 신세계라는 이름과 어울리지 않는 낡고 오래된 풍경을 자아내는 이곳. 주변은 일본 제일의 초고층 빌딩이 하늘 높은 줄 모르고 올라서 있는데 이곳만은 7, 80년대에서 제자리걸음을 하는 듯하다.

'어쩌면 가장 오사카다운 곳일 수도 있겠구나.'

신세카이에서 그렇게 생각했다.

입맛을 당기는 서민의 향수

도부쓰엔마에動物園前 역 1번 출구로 올라와 모퉁이를 돌면 소박한 풍경의 잔잔요코초ジャンジャン横丁 라는 상점가이자 먹자 골목이 나온다. 100엔짜리 동전 하나면 뭐든 꺼내 마실 수 있는 자판기가 있고, 500엔이면 초밥 3접시를 먹을 수 있을 저렴한 초밥집이 있다. 또 두 평이 채 안 되어 보이는 선술집에는 사람들로 가득하다. 거리 곳곳에 오사카 서민의 이야기가 가득하다.

특히, 수십 년의 역사를 가진 서민 음식의 거리답게 구시카쓰串カツ(꼬치 튀김), 오코노미야키お好み焼き(일본식 부침개), 다코야키 등 맛있는 음식을 저렴한 가격에 판매하는 식당들이 옹기종기 모여있다.

과거 유곽으로 향하던 길이었던 잔잔요코초는 유곽으로 가면서 샤미센三味線 (일본 전통 악기)을 잔잔ジャンジャン 쳤다는 데서 유래되었다.

이윽고 어디선가 고소한 냄새가 진동하면서 활기찬 호객꾼의 목소리가 들려왔다. 시선을 돌리니 오사카의 로컬푸드인 구시카쓰를 파는 상점 앞에서 호객꾼이 활기찬 표정으로 호객 행위를 하고 있었다. 그런데, 민망스럽게도 사람들은 지극히 무심한 표정으로 호객꾼에게 시선 한 번 주지 않고 지나갔다. 활기찬 호객꾼과 무표정한 사람들…

이런 모습이 어쩐지 웃픈 현실인 듯 보였다.

발걸음을 옮겨 '오사카의 에펠탑'이라 불리는 쓰텐
카쿠通天閣로 향했다. 쓰텐카쿠는 1912년에 세워지
고 일본 최초로 엘리베이터가 설치 된 높이 103m
의 전망대이다. 지금의 탑은 1956년에 재건된 것으
로 본래의 탑은 제2차 세계대전 때 군수품 생산을
위한 철제 헌납으로 해체되었다.

쓰텐카쿠로 향하는 거리는 도톤보리를 옮겨 놓은
듯한 커다란 간판들이 가득했다. 도톤보리와 다르다
면 상점마다 앞에 발바닥을 내밀고 앉아 있는 빌리
켄 모형이 있다는 것. 빌리켄은 행운과 재물의 신으
로 발바닥을 만지면 그 기운을 받을 수 있다고 한다.
그런데 빌리켄의 발바닥은 전혀 닳지 않았다. 사람
들이 전혀 문지르지 않았나 보다.

한편 한낮부터 쓰레기통을 뒤지는 사람들, 거나하게
취해 몸을 가누지 못하는 사람들도 심심치 않게 보
였다. 일본에서는 흔치 않은 모습인데….

거리의 풍경과 사람들의 모습에서 영화 〈신세계〉가
떠올랐다.

- 구시카쓰의 원조 다루마 본점이 있다.
- 인근에 60년 넘은 합리적인 가격의 초밥집 다이코우스시大興寿司すし, 믹스주스의 원조인 센나리야가베千成屋珈琲店가 있다.
- 신세카이는 1903년 오사카 박람회를 위해 양파밭을 걷어내고 새로 조성한 곳이라 해서 붙여진 이름이다. 1911년 루나파크와 쓰텐카쿠가 세워지면서 오사카 최고의 유흥지가 되었지만 루나파크가 폐관되고 제2차 세계대전을 맞이하면서 쇠퇴의 길을 걸었다. 이후 1950년대 쓰텐카쿠를 재건하면서 저렴한 식당이 모여들어 현재의 모습을 갖추게 된 것.

↑
맞추는 것 보다는 그냥 사먹는 게 더 싸겠는데?

→
신세카이 필수 스폿.
쓰텐카쿠와 함께 사진 찍기

독특한 패션의 성지를 걷다
아메리카무라
· · ·

#アメリカ村 #패션피플 #힙스터 #패션왕 #삼각공원

🚇 미도스지御堂筋 선 신사이바시心斎橋 역 (M19)에서 도보 3분

일본 사람들은 개인주의적 성향이 강해서인지 자기만의 멋을 중시한다. 그 덕에 거리는 개성 넘치는 차림의 사람들로 가득한데, 이 중에는 저런 걸 입고 어떻게 다닐까 싶을 정도로 부담스럽고 난해한 패션도 있다. 하지만 제멋에 사는 것을 두고 누가 뭐라할 수 있겠는가.

누가 뭐래도 사람은 꽃보다 아름답다

유행을 선도하는 오사카의 대표 패션 성지, 아메리카무라. 이곳은 자신만의 개성을 마음껏 표현하는 사람들로 가득한 젊은 문화의 메카이다. 아메리카무라는 '미국 마을'이라는 뜻인데 그도 그럴 것이 1970년대 미국에서 수입한 구제 옷, 중고 잡화 등을 팔면서 시작되었다.

어느 가수는 '누가 뭐래도 사람이 꽃보다 아름답다'고 했다. 아메리카무라를 걷자니, 갑자기 그 노래가 떠올랐다. 그만큼 거리는 지극히 화려했다. 형형색색의 패션 피플과 개성이 가득한 간판들이 거리를 꽃처럼 화려하게 장식하고 있었다. 마치 패션쇼 런웨이를 보는 것만 같았다. 도쿄의 패션 피플의 성지 하라주쿠와 비교했을 때 전혀 꿀리지 않다.

약속 장소로 유명한 산카쿠코엔三角公園(삼각공원)으로 가면 더 많은 패션 피플을 만나볼 수 있다. 약속 장소라고 하기에 무색한 작은 규모이지만 세상의 모든 패션 스타일이 한 데 모여있어, 패션의 종착역답다는 말이 절로 나온다. 다들 어찌나 화려하고 특이한지 오히려 평범한 차림이 가장 눈에 띄는 특별한 차림일 거 같았다.

그렇다.

'오늘 밤 주인공은 바로 나야 나!', 바로 평범한 차림의 나다!

젊은 문화, 함께 누린다

아메리카무라는 다양한 개성의 의류 상점 외에 패션 잡화, 중고 레코드 등의 상점과 바, 카페, 클럽, 길거리 음식을 파는 노점상 등이 다양하게 모여 있다. 길거리 음식을 오 물오물 씹으며, 곳곳에 있는 개성 넘치는 다양한 상점 안을 구경하다 보면 시간 가는 줄 모른다. 또 밤이면 뮤지션이나 댄서를 목표로 하는 젊은이들이 바나 클럽에 모여들 어 특유의 젊은 문화를 즐기는 모습을 볼 수 있다. 함께 즐기고 싶다면 머뭇거리지 말 고 과감히 들어가자. 이곳의 젊은 문화는 10~20대가 주도하고 있지만 세대 모두가 함 께 즐긴다. 즉, 홍대 클럽이나 나이 제한이 있는 술집처럼 입장 규제가 없다.

- 최근에는 셔터에 그린 그래피티가 유
  행이라 상점 오픈 전부터 찾는 사람들
  이 많다. 다양한 그래피티 셔터 앞에
  서 사진을 찍어보자.
- 아메리카무라의 상징과도 같은 peace
  on earth 벽화 앞에서 사진을 찍어보자.
- 옷의 가격이 저렴하다고 해서 장바구
  니에 무조건 넣지는 말자. 상품의 질
  이 천차만별이니 꼼꼼한 체크가 필요
  하다.
- 산카쿠코엔은 주말이면 버스킹이나
  벼룩시장 등 활기찬 행사가 많이 열려
  귀와 눈이 즐거운 호강을 누릴 수도
  있다.

아메리카무라 만남의 장소, 산카쿠코엔.

←
여기가 바로 런웨이.

↓
민무늬 옷은
정녕 없는 게냐.

과시가 만들어낸 아름다운 건축물

오사카성

• • •

#大坂城 #오사카랜드마크 #천수각 #덴슈카쿠 #이순신 #벚꽃

🚇 다니마치谷町 선, 주오中央 선 다니마치욘초메谷町四丁目 역 (T23, C18) 9번 출구 또는 나가호리쓰루미료쿠치長堀鶴見緑地 선 오사카비즈니스파크大阪ビジネスパーク 역 (N21) 2번 출구

도요토미 히데요시 동상과 신사.

웅장한 성벽과 해자.

버리면 안 돼요. 이게 바로 티켓이거든요.

켜켜이 쌓아 올린 돌들이 벽을 이루고 있다.

다니마치욘초메谷町四丁目 역, 9번 출구로 나와 오사카성으로 향한다. 오사카 필수 관광 코스라 가고는 있지만 우리나라를 침략했던 사람(도요토미 히데요시)이 권력을 과시하기 위해 만든 성이라 그런지 불편한 마음이 생긴다. 한국 사람이기에 어쩔 수 없나 보다. 역사를 잊어선 안 되지만 관광객의 마음으로 있는 그대로 보자고 마음을 다지고 또 다진다.

대단한 권력의 전시를 감상한다

오사카성에는 덴슈카쿠天守閣(천수각)과 웅대한 해자(적의 침략을 막기 위해 성벽 아래를 파서 조성한 연못), 화강암으로 축조된 성벽, 왕벚나무·매화나무·단풍나무 등의 화려한 수목이 계절마다 화려한 색을 펼치는 오사카공원 등이 있다.

일본의 성은 대부분 해자를 지나 성으로 다다르게 되는데 오사카성은 일본 여느 성보다 제법 큰 규모의 해자로 되어 있다. 권력을 과시하고 절대 뺏기지 않겠다는 의지가 가득 담겨 있는 듯하다. 커다란 벽돌을 쌓아 올린 성벽도 제법 웅장한데, 이 웅장함은 감탄을 불러일으키는 한편 얼마나 많은 인원이 고된 시간을 견디며 이뤘겠느냐는 생각이 들게 한다.

성의 정문이라고 불리는 오테몬大手門을 지나 몇 개의 문을 더 지나고 나니 덴슈카쿠가 보인다. 웅장한 하얀색 건물에 둘러진 금색 장식이 돋보인다. 꽤나 허세스럽고 과시하기 좋아하는 사람이었던 것 같다. 덴슈카쿠는 지상 8층, 55m의 누각으로 1~7층까지는 도요토미 히데요시의 목상과 당시의 무기, 갑옷, 민속자료 등이 전시 보관되어 있는 역사 자료실이고, 8층은 공원을 비롯해 멋진 경치를 감상할 수 있는 전망대이다.

역사 자료실을 감상한 후 전망대까지 올라가 풍경을 감상할까 싶었지만, 오사카는 곳곳에 많은 전망대가 있다는 것이 떠올라 발걸음을 되돌렸다. 패키지 여행이었다면 전망대는 물론 성내 곳곳을 돌아다니며 가이드의 친절하고 디테일한 설명을 들어야 했을 것이다. 자유 여행이라 다행이다라는 생각이 들었다.

오사카성은 계절별로 색을 달리하여 사계절 모두 아름답다. 다만 한여름은 피하자. 뙤약볕을 피할 수 있는 그늘이 많지 않다. 또 오사카성 주변의 해자를 감상하고 싶다면 다니마치욘초메 역보다는 오사카 비즈니스파크 역을 이용하는 것이 좋다. 다니는 사람이 적어서 사진 촬영하기 편하고, 멀리서부터 덴슈카쿠를 사진에 담을 수 있다.

또 도요토미 히데요시 신사 뒤쪽에 있는 '일본육군위수형무소터가 여기다'라는 내용의 비석도 지나치지 말자. 윤봉길 의사가 의거를 일으키고 일본에 끌려와 처음으로 수감된 장소이다.

- 다니마치욘초메 9번 출구로 나와 NHK 방송국을 지나는 경로가 동선이 가장 짧다.
- 덴슈카쿠 내에 엘리베이터가 있으므로 천천히 오르내리며 구경하는 게 좋다.
- 오사카성의 현재의 모습은 초기의 모습과 다르다. 처음 건축된 오사카성은 도쿠가와 막부에 의해 소실되었고 이후 에도 막부에 의해 새로이 재건되었다. 이후 덴슈카쿠만이 다시 소실되고 재건되는 과정을 거쳤는데 오류가 많다는 의견이다.
- 덴슈카쿠는 입장료를 내야 한다. 성인은 600엔, 중학생 이하는 무료. (신분증 제시 필수).
- 덴슈카쿠 3~4층은 사진 촬영 불가.

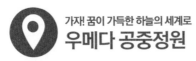

가자! 꿈이 가득한 하늘의 세계로
우메다 공중정원

•••

#梅田空中庭園 #로맨틱 #40층 #데이트코스 #야외옥상
#173m

 JR오사카大坂 역, 지하철 미도스지御堂筋 선 및 한큐 우메다梅田 역
(M16) 도보 7분

오사카는 가는 도시마다 '내가 일본의 대표 전망대다', '내가 랜드마크다'라며 뽐내는 곳이 한둘이 아니다. 그중 오사카에서 가장 인기 있는 전망대를 하나 꼽으라면 단연 우메다 공중정원이다.

최근에는 더 높은 빌딩인 아베노 하루카스의 전망대인 하루카스300이 새로 생겼지만, 우메다 공중정원에 손을 들어주고 싶다. 이유는 간단하다. 오사카 여행에 필수품인 주유 패스로 무료 입장이 가능하고, 막힘없이 오사카 시내를 내려다볼 수 있기 때문이다.

우메다 공중정원을 가려면 스카이빌딩으로 향해야 하고 스카이빌딩으로 가려면 JR 오사카大阪 역 또는 우메다梅田 역에서 내려야 한다. 우메다 역은 워낙 복잡해서 길을 찾기가 쉽지 않으므로 JR오사카 역을 추천한다. JR오사카 역 북쪽 출구(그랜드 프론트 오사카)로 나오면 큰 광장이 있는데 여기서 스카이빌딩이 바로 보여 목적지로 삼기 쉽고, 광장에서는 버스킹 또는 다양한 이벤트, 전시가 수시로 열려 눈과 귀를 즐겁게 한다. 그리고 바닥에 앉아 물을 뿜어 내고 있는 녹색 곰은 사진이 더없이 예쁘게 나오는 포토 스폿.

미지의 세계가 펼쳐지는 하늘 길을 걷다

스카이빌딩은 세계 최초의 연결 빌딩으로 스카이 브리지로 연결된 2개동의 40층 빌딩이다. 공중정원은 최상층에 있다. 3층에서 엘리베이터를 타고 35층으로 올라간 뒤 입장권을 구매하고(무료 입장이 가능한 주유 패스가 있다면 통과. 주유 패스는 관광지 한 곳당 한 번만 사용할 수 있다.) 다시 에스컬레이터를 타고 39층까지 올라가면 된다. 에스컬레이터는 사방이 유리로 되어 있어서 제법 스릴을 느낄 수 있다.

39층은 여느 전망대와 마찬가지로 카페테리아, 바, 기념품을 파는 매장이 있다. 카페테리아에서 간단한 요깃거리를 살 수 있지만 종류가 많지는 않다.

40층 창밖으로 펼쳐지는 경치가 제법 시원스럽다. 햇살이 따스하게 내리쬐는 모습은 빛의 공간이라는 느낌마저 들게 한다. 한 바퀴를 도는 동안 유명 데이트 코스답게 다정한 연인들의 뒷모습이 자주 눈에 들어왔다. 저 풍경을 바라보며 연인들은 어떤 이야기를 나누고, 어떤 생각을 할까?

공중정원의 백미라 불리는 야외 옥상으로 향했다. 도넛 모양의 야외 옥상(Rooftop)에서는 높이 173m에서 불어오는 바람을 온전히 느낄 수 있다. 몇 번이고 빙글빙글 돌아 걸었다. 하늘 높은 곳에서 부는 바람을 맞으며 감상하는 360도 파노라마 경치는 하늘을 걷는 듯한 기분을 느끼게 했다.

공중정원은 햇살이 반짝이는 맑은 날도, 비가 올 것 같은 흐린 날도, 어둠 속에서 온 도시가 불을 밝히는 밤에도 각자 나름의 분위기가 매력적으로 펼쳐지지만, 진짜 매력은 해 질 무렵에 있다. 조금씩 붉게 물들다 황금빛으로 변하는 풍경은 마냥 맑은 파란 하늘보다 훨씬 낭만적이고 가슴을 말랑말랑하게 한다. 그리고 곧 찾아오는 어둠 속에서 하나둘 켜지는 빛의 풍경은 평생 잊고 싶지 않을 정도로 아름답다.

- 오사카 주유 패스를 이용한 무료 입장은 18시까지만 가능하다. 1회만 입장 가능하니 낮보다는 해 질 무렵 찾아가 해가 질 때까지 기다렸다 야경까지 보기를 추천한다.
- 일몰 시각은 홈페이지를 통해 확인할 수 있다. (www.kuchu-teien.com)
- 혹시라도 헛갈린다면 지하도를 꼭 지나야 한다는 것을 잊지 말자. 지하도가 보이지 않는다면 분명 잘못 가고 있는 것이다.
- 스카이빌딩 일대는 자연과의 공존을 테마로 하는 신우메다 시티 新梅田シティ가 조성되어 있다.

우주선이 날아 온듯한 우메다 스카이빌딩.

해가 지려면 얼마나 더 기다려야 되는 거야.

등잔 밑이 어둡다더니.
바로 앞에 보이는 게 우메다 빌딩.

가장 로맨틱한 매직 아워.

싱싱한 해산물 꼬치를 입안 가득 물고

구로몬이치바

...

#黑門市場 #먹방 #JMT #오사카의부엌 #꼬치 #노점상

사카이스지堺筋 선 닛폰바시日本橋 역 (K17) 10번 출구에서 5분

따뜻한 꼬치를 오물오물 먹으면서 어슬렁어슬렁 걷는다. 각종 식재료를 파는 소박한 상점, 아니 가게(어쩐지 재래시장은 상점보다는 가게라는 표현이 더 어울리는 듯하다), 화려한 퍼포먼스로 구매 욕구를 자극하는 상인, 길거리 음식을 한두 개 손에 들고 시장의 곳곳을 구경하는 사람, 물건을 사는 사람 등 활기찬 시장의 모습을 눈에 담고, 휴대폰에 담는다. 이내 김이 모락모락 나는 두부 가게 앞에 발걸음을 멈춘다. 꼬치 한 개를 다 먹지 못했음에도 고민 없이 손가락으로 도넛 2개를 주문한다.

"하~ 잇." 상인이 빠른 손길로 도넛을 종이 접시에 담아 건넨다. 지갑에서 꺼낸 동전 몇 개를 상인의 다른 손에 건네며 모기 소리만한 목소리로 '도~모'라고 하며 고개를 가볍게 숙인다.

한 손은 카메라를, 다른 한 손은 꼬치를 든다

구로몬이치바는 '오사카의 부엌'이라는 수식어로 유명한 재래시장이다. 엔메이지円明寺라는 큰 절이 있어서 엔메이지 시장이라고 불렸던 것이 절의 북동쪽에 검은 문이 생기면서 '구로몬이치바 (黑門 검은 문, 市場 시장)' 라 불리게 되었다. 처음에는 생선을 파는 가게가 주류를 이루었다고 하는데 현재는 국내외 각지에서 들여온 신선하고 질 좋은 생선, 고기, 채소, 달걀 등을 파는 180여 채의 가게들이 있다. 물론 아직도 생선을 비롯한 해산물을 판매하는 가게가 전체의 절반 이상을 차지한다. 그래서 이곳에서는 수산물 시장과 같은 분위기 속에서 싱싱한 해산물로 만든 음식을 다양하게 만날 수 있다.

먹거리를 판매하는 가게의 대부분은 직접 매장 앞에서 요리하고 판매하는 노점식으로 되어 있다. 노점식 가게는 가격대가 저렴한 편이라 적은 돈으로도 다양한 먹거리를 즐길 수 있다. 또 시식이 가능해 맛이 상상되지 않는 생소한 재료의 음식은 먼저 맛을 확인하고 주문할 수 있다.

사실 구로몬이치바는 호불호가 갈리는 편이다. 재래시장(로컬마켓) 분위기보다는 인위적인 관광지의 분위기가 더 강하게 느껴지기 때문이다. 가격대는 여느 재래시장에 비해 비싼 편이다. 그리고 사진과 함께 다양한 언어로 되어 있는 메뉴판, 안내센터 및 무료 와이파이 등 관광객을 위해 제공되는 다양한 편의 시설이 구비되어 있다.

그래서 서민들이 이용하는 평범한 재래시장을 기대했다면 실망할 것이다. 하지만 관광지로써의 재래시장을 체험하는 관광객의 입장에서 보자면 더없이 친절하고 편하다. 즉, 소박한 전통 재래시장의 멋은 없지만 오사카다운, 구로몬이치바다운 특별함이 곳곳에 묻어 있으니 충분히 가볼 만하다. 가끔씩 보이는 관광객의 눈먼 주머니를 노리는 비싼 가격대의 상품과 자본주의 미소, 퍼포먼스가 약간의 씁쓸한 기분을 전해주지만 말이다.

tip

• 오후나 저녁 시간에는 중국인 관광객들로 북적이니 평일 이른 시간에 가는 게 좋다.
• 시식하는 곳이 많으니 놓치지 말고 공략.

오사카의 부엌이라 불리는 구로몬이치바.

'검은 문黑門'이라고 쓰여 있지만

어디에서도 검은 문은 찾을 수 없다.

↑
아까 그 집이 좀 더 쌌어. 가격 비교는 필수.

↓
딱 하나만 고르라면? 오징어? 가리비?

하늘을 나는 짜릿한 감동
아베노 하루카스300 ...

♥ ○ ◁ 　　　　　　　　　　　　 ☐

#ハルカス300 #야경추천 #말잇못 #우와 #우주비행사처럼

 미도스지御堂筋 선 덴노지天王寺 역 (M23) 9, 10번 출구

강심장이라면
'엣지 더 하루카스'에 올라보자.

↑
매표소 옆에 있는, 무료로 전망을 즐길 수 있는 공간.

→
가장 높은 곳에서 즐기는
커피 한 잔.

미세먼지 제로.

덴노지天王寺는 몇 년 전만 해도 우범지대 중 한 곳으로 손꼽혔다. 극히 일부지만 험한
으로 인한 사건과 사고도 비일비재하게 일어났다. 오사카에서 절대 피해야 할 오사카
의 지역 도시로 악명 높았던 이곳이 꼭 가봐야 하는 곳으로 탈바꿈하게 된 건 도시재
생 특별지구로 지정되고, 아베노 하루카스300 あべのハルカス300이 생기면서부터다.

기분을 맑게 하는 하늘의 전망대로 고! 고!

아베노 하루카스는 높이 300m로 일본에서 가장 높은 빌딩이다. '아베노あべの'는 빌딩
이 위치한 지역의 이름이고, '하루카스ハルカス'는 '晴るかす(맑게 하다)'라는 뜻의 고어古
語이다. 빌딩에는 크게 킨테츠 백화점, 오피스, 미술관, 호텔, 하루카스300 등이 있다.

하루카스300이 있는 덴노지天王寺 역을 가기 위해서 붉은 색의 미도스지御堂筋 선에 몸
을 실었다. 우메다梅田, 혼마치本町를 지나 도착한 덴노지 역. 차량 내에 있는 거의 대부
분의 사람들이 내렸다. 아베노 하루카스를 찾기는 어렵지 않다. 역과 바로 연결되어 있
기 때문에 지상으로 올라갈 필요조차 없다.
개찰구를 지나자 길이 양 갈래로 나뉘고, 길을 따라 사람들도 양 갈래로 나뉘었다. 그
런데 어쩐지 아베노 하루카스로 향하는 사람들의 표정은 여유로운데 반대쪽으로 나가
는 사람들의 표정은 세상 걱정과 고민을 다 짊어진 것처럼 어두워 보였다. 이러한 모
습을 보니 도시를 동서로 갈라놓는 커다란 장벽이 있는 느낌이 들었다.

하늘을 나는 기분에 온몸에 전율이 스치다

킨테츠 백화점 입구 옆에 16층에 있는 매표소까지 한 번에 오를 수 있는 전용 엘리베
이터가 마련되어 있다. 줄을 서서 엘리베이터를 타고 16층에 도착. 16층도 통유리로

되어 있어서 오사카의 전경이 막힘없이 펼쳐졌다. 어찌나 만족스러운지 이것만 봐도 충분한데 굳이 60층까지 올라갈 필요가 있겠는가 하는 생각까지 들었다. 하지만 기왕에 여기까지 왔는데 전망대도 안보고 그냥 내려갈 수는 없는 노릇. 줄을 서서 기다렸다가 직행으로 60층에 가는 고속엘리베이터에 올랐다.

적정 인원이 엘리베이터를 타자, 문이 닫히고 실내가 어두워졌다. 이윽코 50초의 우주쇼, 즉 몽환적 음악 속에서 화려한 빛의 쇼가 펼쳐졌다. 16층에서 60층까지 빠른 속도로 달리는 고속엘리베이터 속에서 빛의 쇼를 감상하니 어쩐지 우주선에 탑승한 우주비행사가 된 듯한 기분이 들면서 데이비드 보위David Bowie의 〈스페이스 오딧세이Space Oddity〉 한구절이 생각났다.

"Ground Control to Major Tom, Ground Control to Major Tom
Take your protein pills and put your helmet on
Commencing countdown, engines on"

60층에 도착하자 50초의 우주쇼가 막을 내리면서 엘리베이터의 불이 켜지고 엘리베이터의 문이 열렸다. 엘리베이터의 문이 열리자 오사카의 시내가 파노라마처럼 훤히 내려다보였다. 모두가 와~하는 감탄사를 쏟아내며 유리창쪽으로 내달렸다. 나 역시 너무나 멋진 풍경에 호들갑을 떨고 싶었지만 한두 번 본 풍경이 아닌 것처럼 최대한 자연스럽게 유리창에 가까이 다가섰다.

"아!"

저도 모르게 감탄 섞인 한숨이 입안에서 새어 나와 유리창을 뿌옇게 만들었다.
눈으로만 담기엔 아쉬운 풍경이다. 카메라를 창문 가까이에 대고 풍경을 담았다. 찍어놓고 보면 죄다 비슷한 풍경일 게 뻔하지만 몇 번이고 셔터를 눌렀다.
하루카스300은 58층부터 60층까지 총 3층이다. 58층에는 천정이 없는 옥외 레스토

랑 하늘 정원과 카페, 59층에는 기념품 판매점, 60층에는 전망대가 있다. 그리고 58층
부터 빌딩 중심의 천정이 뚫려 있어 59층과 60층은 통로가 건물 외벽을 따라 둘러진
ㅁ자 구조로 되어 있다. 올라가는 건 60층, 내려가는 건 59층의 엘리베이터를 이용해
야 하며, 58층부터 60층까지는 에스컬레이터로 연결되어 있다.

300m의 하늘을 나는 기분을 느끼려면 '엣지 더 하루카스Edge The Harucas'를 즐기면 된
다. 가격은 1,000엔. 지정된 옷을 입고 외부에 있는 최정상 계단을 오르는 어트랙션이
다. 날고 싶은 욕심을 이용한 상술에 괜한 심통이 나기도 했지만 몸은 어느새 계단을
오르고 있었다. 그리고 300m의 하늘은 걷는 기분이 어찌나 알싸하고 좋던지 한 바퀴
도는 데 한 시간 걸리면 좋겠다는 바보 같은 생각까지 했다.
또 붉게 물든 황혼이 깃드는 때의 풍경과 별들이 내려앉은 밤의 풍경을 상상하며 다음
에는 초저녁에 방문할 것을 다짐했다.

- 주유 패스로 입장료 10% 할인 가능.
- 국내에서 미리 구매하면 정가보다 약
  30% 할인.
- 재입장 가능한 원데이 패스는 현지에
  서만 구매 가능. (미리 1회권을 구매
  한 경우는 추가 금액을 더 내고 1데이
  패스로 변경할 수 있다.)
- 야간은 5.1~8.31에는 19시~24시,
  9.1~4.30에는 18시~24시까지 운행.
  매시 정각에 전망대 바깥 둘레 부분의
  조명이 빠르게 돌면서 화려한 빛의 쇼
  가 연출된다. 낮보다는 저녁에 가는
  것을 추천한다.

로맨틱 여행의 결정체
헵파이브
...

#ヘップファイブ #데이트코스 #여행의피날레 #혼자타면15분이1시간

🚇 JR 오사카大坂 역, 지하철 미도스지御堂筋 선 및 한큐 우메다梅田 역 (M16) 동쪽으로 도보 약 3분

한낮에 파란 하늘과 대조를 이루는 빨간색 대관람차 헵파이브는 우메다의 상징이다. 낮에는 복잡한 도심 속 길잡이로 이용되고 밤에는 여행을 로맨틱하게 만들어 준다. 주유 패스로 무료로 입장할 수 있는 시설 중 가장 늦게까지 운영하다 보니 대다수가 여행 일정 마지막에 넣는다.

최고 난이도를 자랑하는 길 찾기 미션

우메다梅田 역에서 헵파이브까지 찾아가는 길은 예행 연습이 필요할 정도로 복잡하고 어렵다. 그도 그럴 것이 여러 개의 역이 연결되어 있는 지하상가는 우리나라에서 복잡하기로 유명한 부평 지하상가보다 난이도가 높다. 출구를 미리 체크해 두었다고 해도 찾기 어렵다. 답을 알아도 틀리는 수학 문제처럼 말이다.

게다가 지하상가에서는 GPS 수신율이 현저히 낮아서 안타깝게도 구글 지도에 의존할 수조차 없다. 이럴 때는 지하에 머물러 헤매지 말고 차라리 과감히 밖으로 나와 지도를 보는 게 현명하다.

또 9시 이후 영업이 끝난 지하 상가를 보고는 헵파이브도 영업 종료됐나 싶어 당황하기 일쑤인데, 상가 영업만 종료되었을 뿐 관람차는 계속 운영하므로 걱정하지 않아도 된다.

빨간 고래를 찾아서

헵파이브는 1971년 한큐 파이브가 개업, 1998년 대규모 재건축으로 완성한 복합 상업 시설이다. 헵파이브의 'HEP'은 '한큐 엔터테인먼트 파크Hankyu Entertainment Park'의 약어이다. 지하 1층부터 6층까지는 패션·잡화 등의 점포와 음식점이 있고, 8 ~9층에는 'VR존VR Zone Osaka'이 있다. 지름 75m의 빨간 대관람차는 옥상에 설치되어 있으며 대관람차 탑승장은 7층에 있다.

헵파이브에 들어서면 가장 먼저 눈에 띄는 것이 6층까지 뚫린 천장 가운데로 헤엄치고 있는 빨간 고래이다. 일본에서 음악가 겸 디자이너로 명성이 자자한 아티스트 이시이 타츠야 씨가 디자인한 조형물이다.

로맨틱한 여행의 결정체

헵파이브 대관람차는 앞에서 언급했듯이 도심에 있어서 일정의 마지막 밤, 피날레를 장식하기에 더없이 안성맞춤이다. 연인과의 여행이라면 음악을 미리 준비해서 곤돌라 내에 비치된 스피커에 틀어보자. 음악을 들으며, 멋진 야경을 바라보는, 드라마의 한 장면 같은 로맨틱한 분위기가 연출된다. 단, 혼자 타면 운행 시간인 15분이 1시간처럼 길게 느껴질 수도 있다.

또 근처에 있는 일본 최대 할인매장인 돈키호테에서의 쇼핑도 놓치지 말자. 명품 브랜드부터 생활용품, 잡화, 전기·전자제품, 의류, 액세서리, 음식, 음료 등 없는 게 없는 창고형 만물 잡화점이다. 구경하는 재미도 쏠쏠하고 가격도 저렴한 편이므로 쇼핑의 즐거움을 마음껏 누릴 수 있다. 5,000엔 이상 구입 시 8% 텍스 프리Tax Free를 받을 수 있다. 단, 텍스 프리 전용 계산대Tax Free Counter에서 계산을 해야하며 여권을 제시해야 한다.

• 대관람차 매표소는 7층에 있으며 엘리베이터를 타고 오르는 게 빠르다.
• 마지막 탑승 시간은 22:45.
• 주유 패스 무료, 일반 입장료 600엔.
• 근처에 돈키호테도 있으니 탑승 후 쇼핑하기에 좋다.

동그란 관람차 속 꽁냥꽁냥 둘만의 데이트.

↑
탑승 전 찍은 사진을 구매할 수 있는 부스

↓
'두 턱'이면 어떠하리오.

커플, 커플, 커플,
…
나만 솔로.

서점 기반의 복합 문화 공간
티사이트

· · ·

#t-site #츠타야고향 #포토스폿 #라이프스타일 #서점

 게이한京阪 본선 히라카타시枚方市 역 (KH21) 남쪽 출구에서 도보 1분

코엑스에 별마당 도서관이 들어섰다. 강남의 또 하나의 랜드마크가 되었고 지금도 수많은 사람이 찾고 있다. 열린 문화 공간이라고는 콘셉트를 지향하고 있지만 SNS에 사진 한 장 올리기 좋은 스폿 하나쯤으로밖에는 여겨지지 않는다. 나쁘다는 건 아니지만 딱히 좋아 보이지도 않는다. 도서관이지 스튜디오는 아니니까.

특별한 라이프스타일을 판매하는 공간

히라카타枚方에 있는 티사이트는 별마당 도서관만큼 규모는 크지 않지만 츠타야 서점을 기반으로 한, 복합 문화 공간은 이래야 한다는 걸 제대로 보여주는 곳이다. 8층짜리 건물에 서점, 레스토랑, 은행, 슈퍼, 옷 가게, 편의점 등 40여 개의 매장이 입점해 있다. 여기까지는 여느 복합 문화 공간과 큰 차이가 없다. 다만, 각각의 매장은 물건을 판매하는 데에만 열중하는 것이 아니라 물건들이 삶을 얼마나 풍요롭게 만드는지 소개하고 제안한다. 즉, 이곳에서는 물건을 파는 것이 아닌 라이프 스타일과 취향을 판다.

눌러 앉고 싶은 집 같은 공간

티사이트에서 가장 인기가 높은 곳은 후키누케(吹き抜け, 2층 이상의 층을 천장없이 하나로 연결한) 공간인 서가이다. 2층 정도의 높이까지 책이 스타일리시하게 꽂혀 있는 서가의 분위기는 가히 심장을 요동치게 할 정도로 멋스럽다. 서가에는 마음껏 책을 볼 수 있게 편안한 쇼파와 테이블이 마련되어 있다. 아늑하고 포근하다. 워낙 멋스러운 공간이라 사진을 찍는 사람들이 종종 눈에 띈다. 발로 찍어도, 눈을 감고 찍어도 무조건 일생 일대 명작이 된다.
하지만 나는 거대한 책장보다 커튼이 더 멋지고 재미있다. 8m 길이의 이 커튼은 섬유 디자이너 아칸 모리아akane moriya가 제작했다.

커튼은 총 3장으로 되어 있는데 은색 인쇄물이 있는 그레이 컬러의 커튼은 정면에 비치는 빛을 반사하고, 가운데의 커튼은 햇빛을 차단하고, 노란 커튼은 그림자를 표현한다. 그래서 빛의 깊이와 방향에 따라 컬러와 문양이 섬세하게 변화한다.
현대 건축가로 모더니즘 건축 최후의 거장으로 알려진 루이스 칸은 이런 말을 했다.

"구조물은 빛 속의 디자인이다. 볼트, 돔, 아치, 기둥 등은 빛의 특성과 관련된 구조물이다. 자연광은 한 행의 계절들과 그 계절에 있어 하루의 어느 시간 속에 존재하는 빛이 공간 속으로 들어가 그 공간을 조절하는 빛의 감도에 의해 공간에 분위기를 제공하는 것이다."

티사이트의 커튼은 빛의 감도를 조절하여 서가의 분위기를 집과 같은 아늑하고 편안한 분위기로 조성한다. 티사이트의 공간 설계 목표인 '내 집 같은 편안한 서점'이 커튼을 통해 완성되었다고 봐도 과언이 아닐 듯하다.

• 영업 시간은 입점 점포마다 다르다.
• 츠타야 서점이 처음 생긴 곳도 이곳 히라카타이다.

책도 읽고 쇼핑도 할겸.

복합 문화 공간 히라카타 티사이트

누구나 언제든 쉴 수 있는 공간.

책 읽는 중입니다. 방해하지 말아 주세요.

영화의 주인공을 만나는 신나는 하루
유니버설 스튜디오 재팬 (USJ) ...

#USJ #안가면후회 #팝콘통구매각 #집에가기싫다 #해리포터

 JR 사쿠라지마桜島 선 유니버설시티ユニバーサルシティ 역
(JR-P16) 5분

유니버설시티 역에 내려 개찰구로 향하는 발걸음이 점점 빨라진다. 입장 시간이 정해져 있는 것도 아닌데 서두르는 걸 보니 꽤나 들떠있나보다. 엄마, 아빠의 손을 하나씩 나눠 잡은 아이는 잡은 손을 놓기라도 하면 금방이라도 튀어 나갈 기세다. 역을 빠져나와 양옆으로 펼쳐지는 이국적인 간판과 흥겨운 노래는 흥분을 가중시킨다.

오사카 여행에서 절대 빼놓을 수 없는 스폿을 꼽으라면 단연 USJ다. 미국의 유니버설 스튜디오를 그대로 옮겨 놓은 듯한 이곳은 해마다 방문객 수가 눈에 띄는 수치로 증가할 정도로 많은 사람들이 찾는다. 그도 그럴 것이 입장권 하나면 다양한 어트랙션을 무료로 탈 수 있고, 시간 별로 열리는 다채로운 공연과 퍼레이드는 어깨가 절로 들썩일 정도로 흥겹다. 또, 직접 영화 속 주인공이 되어 악당을 물리치고, 마법 빗자루를 타고 하늘을 날 수도 있게 된다.

입장권은 현지에서 구매하는 것보다 한국이 더 저렴

여행 플랫폼 사이트나 여행사 사이트에서(클룩, kkday, waug, 하나투어, 모두투어 등)에서 주는 할인 쿠폰을 이용해 구매하면 커피 한 잔 정도의 가격을 절약할 수 있다. 단, 개인별로 첫 구매에만 적용되니 여러 명이 동시에 가더라도 각각 예약하는 것이 요령. 입구에서 바우처를 제시하기만 하면 바로 입장이 가능하기 때문에, 입장권을 사기 위해 줄 서는 시간도 단축할 수 있다. 오후 3시 이후에 방문할 예정이라면 현장에 파는 오후권을 구매하는 것이 좋다. 특히 평일 오후권은 유니버설 스튜디오를 가장 저렴하게, 여유롭게 즐기는 방법이다.

가장 인기 있는 스폿은 단연 위저딩 월드 오브 해리포터

호그스미드 마을과 해리포터성을 영화 속 모습 그대로 재현한 위저딩 월드 오브 해리포터는 파크 내에서 가장 인기 있는 곳이다. 마법사의 마을답게 마법으로 지어져 건물이 하나같이 휘어져 있고, 굴뚝을 비롯한 곳곳에는 마법사들이 마법 주문을 외우거나 달콤한 버터비어를 마시고 있다.

영화 〈슈퍼배드〉 속 귀여운 악당 미니언즈들은 USJ에서 가장 인기 있는 캐릭터다. 파크내에서 퍼레이드나 공연이 열리는 시간이면 관람객의 환호성에 파크가 떠나갈 정도다. 미니언즈 캐릭터를 활용한 다양한 굿즈 중에는 팝콘통이 가장 인기인데, 시즌 별로 나오는 다양한 팝콘통을 사기 위해 일부러 USJ를 찾는 사람들도 있다.

오픈 시간에 맞춰가면 사람들이 우르르 뛰어가는 진풍경을 볼 수 있는데 가장 인기 있는 어트랙션인 해리포터를 향하는 사람들이다. 그래서 그런지 다른 어트랙션은 상대적으로 한가하다. 해리포터는 잠시 미뤄두고 다른 어트랙션부터 타는 걸 추천한다. 대기 시간을 줄일 수 있는 익스프레스 4 혹은 7을 추가로 구매하는 것도 방법이다.

- 익스프레스4는 5,200엔 / 익스프레스7은 6,000엔. (세금 포함.)
  *단, 시간이 지정되어 있는 어트랙션도 있으므로 시간 확인은 필수.
- 1일권 성인 7,900엔 소인 5,400엔 / 오후권 성인 6,200엔 소인 4,600엔. (시즌별로 상이.)
- 쇼가 열리는 시간이나 어트랙션의 운영 시간은 매일 다르기 때문에 홈페이지에서 미리 확인하는 것이 좋다.

버터비어 마실 땐 거품을 살짝 입술에.

↑
흔히 볼 수 없는 규모의 퍼레이드에 눈이 뙇!

➡
마법을 배우러 가는 중입니다.

고풍스럽고 우아한 디저트 카페
고칸

• • •

#五感 #오이시이 #레트로 #디저트 #사무라이정신 #5성급호텔
서비스

🚇 사카이스지堺筋 선 기타하마北浜 역 (K14) 2번 출구에서 도보 2분

오사카에서 火, 水, 土, 風 愛를 테마로 한, 과자를 맛볼 수 있는 유명 베이커리인 이곳은 사무라이 정신으로 운영한다고 한다. 죽음으로 명예를 지킨다는 신념의 일본 무사, 사무라이의 정신으로 만드는 달콤한 디저트는 과연 어떤 맛일까? 맛이 궁금해졌다.

사무라이 정신으로 디저트를 만들다

오사카 기타하마北浜 역에서 도보로 2분 거리지만, 이름처럼 오감을 집중하지 않는다면 그냥 지나치기 일쑤다. 길이 좁고, 기품있고 중후한 분위기의 4층짜리 건물 외관이 '과연 여기가 베이커리인가'하는 의심을 하게 만들기 때문이다.

의심을 섬세한 관찰력으로 퇴치시킨 후 고풍스러운 분위기의 건물 앞 계단에 올랐다. 안으로 향하는 계단을 한 계단 한 계단 오를 때마다 10년씩 과거로 시간 여행을 하는 느낌이 들었다. 10년, 20년… 70년, 문 앞에 도달하자 황송하게도 도어맨이 문을 열어 주었다. 순간, 도어맨이 현재와 과거를 연결해주는 안내자처럼 느껴지면서 나는 타임머신을 타고 온 여행자가 된 듯한 기분이 들었다.

매장 안의 분위기도 외관과 다르지 않았다. 높은 천장에 매달려 있는 고풍스러운 샹들리에, 중후한 엔틱 느낌의 벽과 계단, 잔잔하게 들려오는 클래식 음악은 디저트 카페라기보다는 1900년대의 모던 보이와 모던 걸이 오가는 호텔처럼 느껴졌다.
분위기에 동화될 요량으로 천천히 1층 베이커리를 둘러보았다. 쇼케이스에 가득 차 있는 다양한 디저트는 허리를 반쯤 숙여 한참을 들여다보게 만들고, 선물용 제품 판매대는 지갑의 남은 돈이 많았으면 하는 귀여운 소망이 들게 할 정도로 구매욕을 불러일으켰다.

쇼케이스가 뿌옇게 될 정도로 바짝 다가서서 한참을 고민하다 계절 한정 메뉴인 먹음

직스러운 무화과 타르트, 통복숭아 젤리를 골랐다. 그리고 직원의 에스코트를 받으며 2층으로 올랐다. 2층은 서너 개의 방으로 되어 있는데 방마다 적게는 한두 개, 많게는 예닐곱 개의 테이블이 놓여 있었다. 직원은 나를 테이블 앞까지 안내를 해 주었다.
엉덩이가 배길 정도의 딱딱한 의자에 앉아 주문한 디저트를 기다렸다. 퇴근 1분 전 만큼 시간이 길게 느껴졌다. 얼마나 지났을까. 직원이 은쟁반을 들고 테이블 옆에 와서 한쪽 무릎을 꿇어앉아 디저트 접시를 테이블 위로 옮겼다.

직원이 놓은 접시에는 계절이 그대로 담긴 통복숭아젤리가 탱글거리고 있었다.
'크게 떠서 한입에 가득 넣고 먹을까? 아니면 작게 떠서 음미해 볼까?'
행복한 고민 끝에 카페 분위기에 맞게 조금 우아하게 먹기로 하고 새끼손가락과 약지를 세워 스푼을 잡았다. 그리고는 한 입 떠서 입안에 넣었다. 저절로 눈이 감기면서 입가에 미소가 지어졌다. 비슷한 가격의 디저트는 우리나라 여느 카페에서도 쉽게 볼 수 있더라도, 맛과 서비스는 이곳이 아니면 체험할 수 없을 것이다.
어느새 나의 디저트가 애초에 존재하지 않았던 것처럼 눈앞에서 사라졌다.
아쉬운 이별의 순간이 온 것이다. 나는 계속 머물고 싶다는 욕망을 떨쳐 버리고 애써 자리에서 일어섰다.

- 1층은 베이커리, 2층은 카페로 이용 된다. 1층에서 주문하지 않아도 2층 에서 직원이 디저트 실물 샘플 모두를 보여주기 때문에 쉽게 주문할 수 있 다. 무화과 타르트 등의 계절 메뉴와 쌀로 만든 롤케이크가 인기.
- 고칸이 입점한 아라이 빌딩은 일본 유형 문화재에 등록된 1922년도에 지어진 건물로 처음에는 은행이었다고 한다.
- 고칸의 영업시간은 9:30~20:00. (단, 일요일과 휴일은 19:00까지.)

↑
머뭇거리게 만드는 고칸의 입구.

↑
왜 이렇게 예쁘고 난리.

→

무거우니까
빨리 좀 골라주세요.

호텔 아닙니다. 빵집 맞습니다.

감동을 부르는 라멘
라멘 야시치

• • •

#らーめん弥七 #닭육수 #겨울엔무조건 #대기줄 #소유라멘 #
차슈덮밥

🚇 미도스지御堂筋 선 나카쓰中津 역 (M15) 1번 출구에서 도보 3분

라멘 야시치의 대표 메뉴.

오픈 시간에 맞춰 와도 줄 서는 건 당연한 일.

↑
잠깐 놀다가, 시간에 맞춰 오세요.

→
가게 안은 예닐곱 명이 앉으면
꽉 찰 정도로 작다.

지극히 주관적인 경험을 바탕으로 하는 얘기지만, 라멘 가게는 작을수록 맛있다. 작은 라멘 가게들은 대부분 오랜 기다림과 배고픔을 이겨낸 후에 음식을 마주하기 때문에 더 맛있게 느껴지고, 기억에도 오래 남는 것 같다. 후미진 곳에 있으면 더더욱 그렇다. 우메다梅田 역에서 한 정거장 떨어진 미도스지御堂筋 선 나카쓰中津 역, 1번 출구에서 200m 남짓 떨어진 곳에 위치한 라멘 야시치가 바로 그런 곳이다. 가게는 작고 영업은 시간은 짧으니 당연히 줄을 서서 기다려야 한다. 기대감을 동반한 배고픔과 치열하게 싸워가며….

먹을 수만 있다면야 한 시간도 문제없다

오전, 한적한 주택가 이면도로의 조그만 라멘 가게 앞에 사람들이 모여 있다. 점심시간이 되기도 전에 줄을 서서 기다릴 정도면 적어도 실패할 걱정은 하지 않아도 될 거 같다.

줄을 서니 상냥한 목소리의 스태프가 나와서 시간이 적힌 번호표를 건네준다. 통행에 방해될 정도의 긴 줄로 인해 주변에 피해를 주지 않기 위한 이 집만의 방법인 것 같았다. 기다렸다가 종이에 적힌 시간에 맞춰 가게 안으로 들어갔다. 좁은 가게 안은 테이블에 앉아 먹는 사람, 벽에 서서 자신의 순서를 기다리는 사람들로 가득했다.

메뉴 자판기에서 식권을 뽑아서 스태프에게 전해 주니 자리를 안내해 주었다. 라멘이 나오길 기다리면서 가게 안을 둘러보았다. 여느 유명 맛집처럼 라멘으로 받은 상들과 다녀간 유명 연예인의 사인이 벽면에 가득 채워져 있었다.

이 집의 대표 메뉴는 닭 육수에 간장으로 간을 한 소유라멘醬油(간장)이다. 흔히 닭 육수라고 하면 맑은 국물이 떠오르는데 이곳의 국물은 돈코쓰라멘豚骨(돼지 뼈)에 가까울 정도로 걸쭉하다. 소유라멘 못지않게 인기가 높은 헤타메시ヘためし(차슈叉燒에 파를 올린 덮밥)는 돼지고기와 닭고기가 함께 나오는데, 닭고기는 한입에 먹기 좋게 썰어져 나오고,

돼지고기는 불향이 가득 베어 있어 곁들여 나오는 절인 양파와 궁합이 잘 맞는다.

평일에만 오픈하고 5시간만 영업한다. 또 재료가 일찍 떨어지면 문을 닫는다. 이곳에 가기로 마음먹었다면 허탕치기 쉬우니 무조건 서두르자.

온몸이 싸늘하게 얼어붙는 추운 겨울이면 뜨거운 김이 모락거리는 이곳의 라멘이 떠오른다. 국물을 호로록 마시면 얼었던 몸은 물론 마음에까지 따스한 봄이 찾아올 것만 같기 때문이다.

- 영업시간이 짧다. 10:45~16:00 평일만 영업.
- 국물을 직접 우리는 것은 물론 면까지 직접 뽑는다. (국물은 직접 만들어도 면까지 만드는 라멘집은 많지 않다.)

리버 뷰가 뛰어난 감성 카페
모토커피

• • •

#Moto #coffee #카페스타그램 #yummy #디저트 #티라미수

🚇 게이한京阪 본선 기타하마北浜 역 (KH02) 26번 출구

카페는 커피 맛 못지않게 분위기도 중요하다. 어쩌면 맛보다 분위기에 더 우선순위일 수도 있겠다는 생각도 든다. 오사카 기타하마北浜 지역은 강과 잇닿아 있어 분위기 좋은 카페들이 많이 들어서 있는데 그중에서 가장 인기 있는 곳이 감성 카페의 대명사인 모토커피moto coffee이다.

커피를 마시며 보통의 가치를 즐기다

칙칙한 주변의 건물 색과 대비되는 단아한 분위기의 폭이 좁은 하얀색의 3층 건물. 작은 창 위로 '모토'라고 적혀있는 원목 간판이 시선을 끌고, 강을 향하고 있는 원목으로 된 사각 프레임의 창이 실내에서 보는 밖의 풍경을 궁금하게 한다. 시선이 잡히고, 궁금증을 유발하니 들어가지 않을 수 없다.

협소 주택을 연상시키는 외관답게 카페 안은 밖에서 볼 때보다 더 좁게 느껴졌다. 주문하기 위해 카운터 앞에 줄을 서면 입구를 막게 되어 오가는 사람들과 부딪히기 십상이다. 계단 쪽 사정도 마찬가지다. 계단을 오르다 맞은 편에서 사람이 내려오면, 어깨를 접으며 '스미마셍すみません(죄송합니다)'이라는 말을 조용히 흘리기를 반복해야 한다.

카페는 총 지하, 1, 2층, 테라스로 구성되어 있다. 1층에는 베이커리처럼 각종 디저트류가 진열되어 있다. 방금 식사를 하고 왔음에도 먹음직스러운 모양을 자랑하는 각종 디저트는 뱃속이 비어있다고 착각하게 만든다.

테이블은 1층은 물론 2층, 지하 그리고 테라스 등 모든 층에 마련되어 있다. 그래서 자리 선택의 폭이 넓은 편이다. 가장 인기 있는 자리는 뛰어난 리버 뷰River View를 자랑하는 테라스. 이곳에서는 바람결에 흐르는 강과 유유히 지나가는 유람선을 감상하는 등의 낭만 넘치는 시간을 보낼 수 있다.

메뉴는 아이스 아메리카노와 티라미수를 주문했다. 티라미수는 이곳의 인기 메뉴로 풍성한 코코아 가루와 알코올이 살짝 가미된 부드러운 크림이 달콤 쌉사름한 하모니를 이룬다. 맛있는 디저트를 먹으면 입안에서 녹는다는 표현을 쓰는데 이곳의 티라미수는 그 말이 딱 맞게 입안에 들어가기가 무섭게 녹는다. 여기에 진한 아메리카노 한 모금, 이것이야말로 끝내주는 조합이 아닐 수 없다.

2층의 빈자리에 앉아 주문한 메뉴를 기다리며 주변을 둘러보았다. 하얀 벽 중앙에 내어진 단아한 멋의 나무 창에서 시선이 멈춰섰다. 창에는 복고풍 스타일의 건물과 모던한 스타일의 건물이 조화를 이룬 고즈넉한 풍경이 담겨 있었다.

어느새 주문한 커피가 테이블 위에 놓였다. 커피 향을 맡으며 짧게 한 모금 들이켰다. 그리고 다시 한번 창밖의 풍경에 시선을 돌렸다. 건물들 사이로 보이는… 그림을 그리는 사람, 책을 읽는 사람, 멍 때리는 사람 등 몇몇 사람들이 뜨거운 8월의 오후를 저마다의 방법으로 즐기고 있었다.

모토커피를 방문한 이후에 시간이 남는다면 강 너머로 보이는 강 위의 섬, 오사카에서 벚꽃이 아름답기로 유명한 나카노시마코엔中之島公園(나카노시마공원)를 둘러보는 것도 좋겠다. 또 사자 석상으로 꾸며져 '라이온다리'라는 별칭을 갖고 있는 고풍스런 멋의 나니와바시中之島公園(나니와다리)도 잊지 말고 체크!

tip

- 오픈 시간인 12시가 되기 무섭게 만석이 되므로 테라스에 앉으려면 적어도 12시 전에는 도착해야 한다.
- 근처에 카페가 많아 카페 투어하기에 좋다.

좁은 계단을 오르내릴 때는 자동으로 스미마셴.

감성 가득한 오사카 작은 카페, 모토커피.

강과 가까이 있는 카페들은 언제나 옳다.

오롯이 나만을 위한 시간.

어릴 적 향수를 품은 오므라이스

홋쿄쿠세이

•••

#北極星 #원조오므라이스 #엄마의야매레시피 #한국어메뉴판
#일본전통가옥

🚇 미도스지御堂筋 선 난바難波 역 (M20) 26번 출구에서 3분

어렸을 때 최고의 외식은 경양식집에서 즐기는 오므라이스였다. 사실 나는 돈가스(우리나라 경양식표 포크 커틀릿)가 먹고 싶었지만 튀긴 음식은 살찐다는 엄마의 잔소리에 오므라이스를 주문하곤 했다. 오므라이스를 주문하면 기다릴 필요없이 스프와 식전 빵을 가져다준다. 오므라이스도 오므라이스이지만 이 또한 내가 사랑하는 순간이다. 나는 집에서는 쉽게 먹을 수 없는 이 스프를 식전 빵에 찍어서 바닥까지 싹싹 긁어먹곤 했다.

스프의 여운이 입안에서 사라질 때쯤 등장하는 노란색 옷을 곱게 차려입은 오므라이스. 나는 마음을 가다듬고 매끈한 표면의 오므라이스에 조심스럽고 신중한 첫 숟가락을 갖다댔다. 그도 그럴 것이 오므라이스에 첫 숟가락을 갖다 대는 건, 조금 과장을 보태자면 닐 암스트롱이 인류 최초로 달에 첫발을 대는 그 순간처럼 지극히 역사적이며 가슴 떨리는 일이었다.

역사의 진실은 저 너머에

홋쿄쿠세이는 1925년에 개업한 106년 전통의 오므라이스 원조 맛집이다. 위장병으로 고생하는 단골손님에게 볶음밥을 부드러운 달걀을 싸서 대접한 데서 시작되었다고 한다. 오므라이스는 일본 내에서 원조 논란이 있는데, 홋쿄쿠세이가 원조라고 하기도 하고, 메이지 시대에 문을 연 도쿄의 양식집 렌가테이煉瓦亭가 원조라고 하기도 한다. 단, 홋쿄쿠세이의 오므라이스는 우리가 익히 알고 있는 볶음밥에 얇은 달걀옷을 입혀져 있고, 렌가테이의 오므라이스는 달걀 물과 밥을 함께 섞어 팬에 조리한 것이다.

달이 아닌 '북극성'에 착륙하다

어릴 적, 추억의 맛을 품고 찾은 홋쿄쿠세이. 현대적인 건물들 사이에서 오래된 일본

가옥인 훗쿄쿠세이를 찾는 건 그리 어렵지 않았다. 요즘에는 외관만 전통 가옥이고 내부는 현대식으로 리모델링한 곳도 많은데, 훗쿄쿠세이는 외관에 맞게 내부도 옛 스타일을 그대로 담고 있었다. 특히, 내부에 들어서자마자 보이는 나무를 꽂아 여는 방식의 신발장은 오래된 료칸旅館(여관)에서나 봄직한 것이었다.

신발장에 신발을 넣고 나무 열쇠를 챙겨 안으로 들어갔다. 나무 바닥이 걸음을 옮길 때마다 삐거덕하는 비명 소리를 냈다. 괜스레 눈치가 보여 뒤꿈치를 들고 살포시 걸었다. 어릴 적 학교 복도를 걷는 기분이 들었다. 긴 복도를 지나 다다미가 깔려 있는 방으로 들어가니 커다란 유리창 너머로 자그마한 일본식 정원이 보였다. 우주라는 커다란 세계관을 축소하여 담아내는 일본식 정원의 특색을 고스란히 갖고 있었다. '아', 실내에서만 감상하기에는 아까운 풍경이다.

제일 위에 적힌 메뉴를 시킨다

자리에 앉자, 스태프가 한글로 된 메뉴판을 건네주었다. 얼굴과 행동만 보고도 국적을 알 수 있는가 보다. 메뉴는 고르기가 힘들 정도로 종류가 매우 다양했다. 이럴 때는 언제나 '오스스메おすすめ(추천 혹은 강추)'를 외치거나 가장 위에 있는 메뉴를 주문하는 게 가장 실패가 적다. 그래서 나는 메뉴 상단에 있는 치킨 오므라이스를 주문했다.

오므라이스는 종류에 따라 소스와 모양새가 조금씩 차이가 있다. 가장 기본인 오리지널 오므라이스는 달걀과 각종 채소, 특정의 재료를 고슬하게 볶은 밥 위에 부드럽게 익힌 달걀옷을 입힌 후 짙은 갈색의 소스가 뿌려져 세팅된다. 소스는 여느 일본 소스에 비해서는 다소 덜 짜고 담백한 편이다. 다만, 일본 음식이 한국 음식에 비해 전체적으로 많이 짜다는 것을 생각하면 입맛에 따라서는 짜게 느낄 수도 있겠다. 명란 씨푸드 오므라이스는 달걀 옷을 입은 볶음밥 위로 명란을 넣은 소스가 얹어 나온다. 세트 메뉴로 주문하면 새우튀김과 된장국이 함께 내어진다.

고민했던 시간보다 주문한 메뉴가 빨리 나왔다. 본격적인 식사를 하기 전에 달걀 위에
뿌려진 소스를 숟가락에 찍어 살짝 맛보았다. 어렸을 적, 엄마가 레시피 없이 만든 일
명 '야매' 오므라이스 소스와 비슷한 맛이었다. 나는 어릴 적 추억을 떠올리며 본격적
으로 오므라이스를 탐험했다.
이 얼마 만인가. 달에 착륙한 닐 암스트롱이 된 게….

• 홋쿄쿠세이는 '북극성'이라는 뜻이다.
• 영업시간은 11:00~22:00.(라스트
  오더는 21:30.)
• 한국어로 메뉴 설명이 잘 되어 있어서
  메뉴 고르기가 편하다.
• 1인 1메뉴를 원칙으로 한다.
• 렌가테이는 1895년에 개업한 최초의
  돈가스(일본식 포크 커틀릿) 전문점으
  로 오므라이스보다는 돈가스가 더 맛
  있다.

옛 모습을 그대로 간직한 북극성.

엄마의 야매 레시피와 비슷한 비주얼의 오므라이스.

모르는 사람이 보면 료칸인줄.

재즈 선율에 맞춰 호로록
산쿠
•••

#三く #심야식당 #재즈선율 #여성취향저격 #멸치육수

🚇 JR 신후쿠시마新福島 역 (JR-H45) 2번 출구에서 도보 2분

오사카 신후쿠시마新福島 역에 위치한 산쿠는 오사카에 있는 동안에는 꼭 가봐야 되는 곳이라 해도 과언이 아닌 명품 라멘집이다. 그럼에도 패키지 여행 또는 유명 관광 상품만을 좇는 여행자들의 발걸음이 많이 닿지는 않은 것 같다. 관광 상품화된 여느 맛집과 달리 이곳은 요즘 일본에서 흔히 볼 수 있는 한국어 또는 영어로 된 메뉴판이 없을 정도로 관광 상품화가 되어 있지 않다. 우메다梅田 역에서 한 정거장만 더 가면 되는데 말이다.

심야식당의 주인공이 된 양

미슐랭 2스타의 산쿠는 여느 라멘집과는 조금 다르다. 고기의 비율이 높은 육수가 아닌 멸치를 오랫동안 끓인 육수로 국물을 만들어서 깔끔한 감칠맛이 난다. 또 영업시간이 오전 11시 39부터 오후 11시 39분까지이고, 오후 2시 39분부터 오후 6시 38분까지는 브레이크 타임으로 문을 닫는다. 상호명 39에서 착안한 듯한 재미난 발상이다.

출출한 저녁, 편의점 음식은 부족할 것 같아 산쿠를 찾았다. 저녁 시간이 꽤 지났는데도 가게 앞에는 적지 않은 사람들이 줄을 서서 기다리고 있었다. 한눈에 봐도 야근을 마치고 밖에서 저녁 끼니를 때우고 귀가하려는 사람들이었다. 나 같으면 집에 가서 씻고 누워 천장을 보며 신세 한탄하기 바쁠텐데, 라멘집에 온 걸 보니 라멘 한 그릇이 쌓인 피로를 푸는 보약이라도 되는 모양이다. 그 모습을 보니 일본의 유명 만화가 아베 야로의 만화를 원작으로 제작한 드라마 '심야식당深夜食堂'이 떠올랐다.

재즈 음악이 흐르는 라멘집

가게 문을 열고 들어가니 라멘집과는 어울리지 않는 재즈 음악이 흐른다. 라멘집이 맞

나 싶기도 하지만 테이블에 앉은 사람들이 쉴새 없이 젓가락질 하고 있는 모습을 보니 라멘집이 분명했다. 분위기에 적응 못해 당황하고 있는 나에게 건네 오는 직원들의 우렁찬 인사 소리는 조금 부끄러웠다. 1,000엔을 꺼내 자판기에 넣고 고민할 필요도 없이 왼쪽 상단에 있는 가케라멘ゕけラーメン (가게 라면이라는 뜻)을 누른다. 경험상, 자판기가 있는 식당에선 언제나 왼쪽 상단에 있는 게 그 집에 대표 메뉴다.

서서 기다리는 불편한 기다림 끝에 드디어 내 차례가 되어 자리에 앉았다. 자리에 앉으니 그제서야 마음이 안정되면서 가게 안의 풍경이 눈에 들어왔다. 벽 한 편에 다양한 나라의 말로 감사의 표시가 적혀 있는 옷이 걸려 있었는데, 이유를 곰곰이 생각해 보니 39의 발음이 'thank you'와 비슷해서 그런 거 같았다. 또 벽에 그려진 멸치 4마리는 가게 안에서 하지 말아야 금지 사항을 알려 주었다. 흡연, 통화, 외부음식 반입 그리고 헤드폰. 가게 안에서 들려주는 재즈 음악을 들으며 오롯이 먹는 데에만 집중하라는 얘기 같다.

심봉사의 눈도 떠질 놀란 맛이구나

입맛을 돋우는 새콤달콤한 맛의 쓰케모노つけもの(절인 밑반찬), 물수건, 젓가락이 앞에 놓였다. 그리고 잠시 후 간장 베이스의 국물에 커다란 멸치가 고명으로 올려진 가게라멘이 내어졌다. 커다란 멸치의 비주얼을 보는 순간 비린 거라면 질색을 해서 잘못 시켰다는 후회가 머릿속을 스쳐 지나갔다. '일단 맛이나 보자'라는 심정으로 숟가락으로 국물을 살짝 떠서 입에 넣었다.

이럴 수가! 심봉사가 먹었다면 눈이 떴을 만큼의 놀라운 맛이다. 이게 웬일인가 싶어서 입을 헹구고 이번에는 국물을 숟가락에 가득 떠서 먹었다. 깊고 부드러운 감칠맛이 입안을 행복하게 했다.

'감칠맛은 MSG가 하는 일이라 여겼는데 그동안 내가 큰 착각을 하고 있었구나.'

면은 국물 안에서 탱탱하게 똬리를 틀고 있는데, 쓰케멘つけ麺(국물을 찍어 먹는 면 요리, 일반 라멘보다 면발이 굵고 탱탱하다)의 면이라 해도 될 정도였다. 또 고명으로 얹어진 국물을 가득 머금은 차슈チャーシュー(숯불 향이 나는 얇게 썰어 익힌 돼지고기)는 입안에 넣고 혀로 누르자 사르르 부서졌다. 국물과 면, 차슈 순으로 번갈아 가며 먹고, 마지막으로 국물을 끝까지 들이켰다. 깊은 여운 때문인지 다 먹었음에도 몸이 쉽게 움직여지지 않았다. 보기 좋은 음식도 감동을 주지만 맛있는 음식은 더 오래, 더 깊은 감동을 준다더니… 그 말이 실감났다.

이내 정신을 차리고 밖으로 나오니 황송하게도 스태프 중 한 명이 따라 나와 맛있었냐고 묻고는 허리를 90도로 숙여 감사의 인사를 건넸다.
오히려 저야말로 '고치소-사마데시타!ごちそうさまでした!(잘 먹었습니다!)'

- 신후쿠시마(新福島) 역에서 걸어서 3분
- 미슐랭가이드(Michelin Guide) : 세계적 맛집 가이드북으로 별 개수로 등급을 표시하는데 별 3개가 가장 높다. (★★★ : 요리를 맛보기 위해 여행을 떠나도 아깝지 않은 식당, ★★ : 요리를 맛보기 위해 멀리 찾아갈 만한 식당, ★ : 요리가 특별히 훌륭한 식당)

←
진한 멸치 육수와 부드러운 차슈,
꼬들꼬들 면발의 하모니를 즐길 수 있는 산쿠.

↓
여자에게 더 인기가 많은 이유는
음악과 친절함, 그리고
여성들을 위한 섬세한 배려 덕분.

식전 행사는 필수죠.

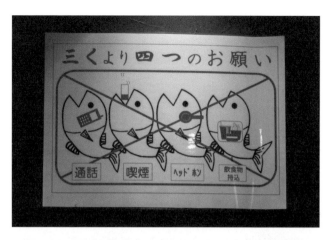

↑
산쿠에서 하지 말아야 될 4가지.

↓
라멘 한 그릇 먹고 나왔을 뿐인데….

깔끔한 인테리어의 카페식 라멘집
세상에서 가장 한가한 라멘집

• • •

#世界一暇なラーメン屋 #맛집인정 #카페같은라멘집 #미스터 칠드런 #팬심

🖼 게이한 나카노시마京阪中之島 선 와타나베바시渡辺橋 역 (KH53) 2B 출구에서 도보 1분

세상에서 제일 한가하다며….

↑
'우리는 면을 직접 뽑습니다'
라고 말해주는 제면기.

→
깔끔한 맛을 원한다면
캡틴골드.

오사카에는 재미있는 이름의 라멘집이 몇 있는데, 그중에 가장 호기심을 자극하는 이름이 '세상에서 가장 한가한 라멘집'이다. 정말 한가한지 확인을 하고 싶을 정도다. 이름으로 구미를 당기게 하는 걸 보니 장사 좀 할 줄 아는 곳인 거 같다.

이곳은 제법 찾기 어려운 곳에 위치해 있다. 가장 가까운 와타나베바시渡辺橋 역에서 걸어서 3분이면 도착하지만, 빌딩 숲 거리라 '여기가 맞나?' 싶어 계속해서 고개가 갸웃거리게 된다. 그리고 근처에 비슷한 이름의 빌딩이 있어 헷갈리기도 한다.

꼭꼭 숨어라, 머리카락 보인다

'과연 어떤 곳이길래 이리도 꼭꼭 숨어 있단 말인가.'

세상에서 가장 한가한 라멘집에 대한 호기심은 점점 더 커져만 갔다. 근처를 빙빙 돌다가 결국 의심을 한가득 안고 지도가 가르쳐 준 웅장하고 세련된 외관을 자랑하는 빌딩 안으로 들어갔다. 라멘집이 있기에는 어쩐지 너무도 세련되고 깔끔한 빌딩… 의심의 끈을 놓지 않은 채 에스컬레이터 옆에 있는 입점 상점 안내판을 확인해 보았다.

'있다!' 막상 있는 걸 확인하니 안도하는 대신에 옅은 짜증이 밀려들었다. 누가 이런 곳에 라멘집이 있을지 상상이나 했겠는가.

이제 누군가가 나에게 여기의 위치를 묻는다면 이렇게 대답할 것이다. 웅장하고 세련된, 로비에 구멍이 있는 동그란 조각상이 있는, 라멘집이 없을 거 같은 빌딩에 있다고.

한가하고 싶은 한가하지 않은 라멘집

에스컬레이터를 타고 2층으로 올라오니, 선뜻 라멘집이 눈에 들어오지 않았다. 아니면 말지 싶은 마음으로 무작정 사람들이 많이 모여 있는 쪽으로 걸어갔다. 아주 작게 'The most deserted Ramen-Bar in the world…'라 쓰여 있는 상점 앞으로 제면기가 눈에 들어왔다. 여기가 바로 세상에서 가장 한가한 라멘집이자 금방 들통날 뻔한 거짓말을 하는 곳이었다. 세상에서 가장 한가하다더니… 한가하기는 커녕 맛집의 필수 미션인 줄서기 과제를 수행해야만 하는 곳이었다. 이름은 속여도 맛은 속이지 않는 모양이다.

카페처럼 깔끔한 분위기의 이곳은 테이블 석이 많고 일반 라멘집에 비해 넓고 쾌적해서 직장인뿐 아니라 가족 단위도 많이 찾는다. 닭, 해산물 육수에 간장으로 맛을 낸 쇼유라멘을 전문으로 하는데 상호명 만큼이나 메뉴명 또한 특이하다. 메뉴는 캡틴골드CAPTAIN GOLD, 캡틴골드 컴백GOLD COME BACK, 구로후네KURO FUNE('검은 배'라는 뜻), 구로후네 컴백KUROFUNE RETURN, 위치스레드WITCH'S RED 등 영화 〈캐리비안의 해적〉에 등장할 것만 같은 이름으로 구성되어 있었다.

나는 가장 유명하다는 진한 간장 맛의 구로후네를 주문했다. 구로후네는 두 손으로 들기에 버거울 정도의 큰 역삼각형 그릇에 담겨 나왔다. 찰랑거리는 국물 아래로 얇고 긴 차슈가 그릇에 빙 둘려 있었고, 그 아래로 면발이 소담히 담겨 있었다. 국물은 깔끔한 것이 입맛을 돋우었고, 적당히 국물을 감싸고 있는 면발은 목젖을 때리며 부드럽게 넘어갔다. 단, 숟가락이 그릇보다 작아서 국물이 자작해지면서 떠 먹기 불편해서 양손으로 그릇을 감싸 들고, 남은 국물을 들이켜야 했다.
한국인 취향 저격이라는 캡틴골드는 맑은 간장 베이스이고, 각각의 끝에 컴백이 붙은 라멘은 유자 오일과 후추가 더해진 것. 그 밖에 교자, 돼지고기 덮밥 등이 있는데 돼지고기 덮밥은 김치가 토핑되어 있고, 맥주도 다양한 종류로 구비되어 있다.

천천히 여유 있게 라멘을 즐기는

사실 세상에서 가장 한가한 라멘집이라 지은 데는 이유가 있었다. 보통 라멘집은 스태

프는 바쁘게 움직여야 하고, 손님도 서둘러 먹고 나오지 않으면 안 될 거 같은 분위기
인데, 이곳은 손님도 스태프도 모두 여유 있게 라멘을 즐겼으면 하는 바람에서 짓게
되었다고 한다. 그래서 분위기도 카페 같은 인테리어로 꾸미게 되었다고. 한편으로는
일본의 록 밴드 미스터 칠드런ミスターチルドレン의 광팬인 마쓰무라 다카히로松村 貴大(라멘
unchi 주식회사의 대표이사) 씨가 그들의 영상을 천천히 보는 여유로운 경영을 하고 싶어
서 한가한 라멘집으로 이름을 지었다고 하기도 한다. 그래서 그런지 홀에서는 미스터
칠드런의 음악이 끊이지 않고 흘러나왔다. 어쨌든, 유명 라멘집이 되었으니 그의 미스
터 칠드런의 음악을 즐기는 여유 있는 경영에 대한 로망은 물 건너간 듯하다.

- 나카노시마(中之島) 선, 와타나베바
  시(渡辺橋) 역 2B 출구에서 가장 가
  깝다. 오피스 빌딩 지역이니 혼잡한
  점심시간은 피해서 가는 게 좋다.
- 로비에 구멍난 동그란 조각상이 있으
  면 OK.
- 국물이 튀는 것을 대비해서 종이 앞치
  마를 요청할 수 있다.
- UNCHI 주식회사는 '세상에서 가장
  한가한 라멘집' 외에 '인류 모두 면류
  人類みな麺類', '똥아저씨 마지막
  칼 한 자루くそオヤジ最後のひと
  ふり', '탄탄국수의 계명을 어긴 사람
  担担麺の掟を破る者', '다카히로
  라멘TAKAHIRO RAMEN' 등의 재미
  난 이름의 라멘집을 운영하고 있다.
- 영업시간은 11:00~14:30, 17:30~
  21:30. 단, 일요일과 연말연시는 휴무.

여우의 우동에 홀리다
이마이우동

· · ·

#今井 #本店 #유부우동 #여우 #한국어메뉴판 #굵은면발 #보
톤보리

🚇 미도스지御堂筋 선, 센니치마에千日前 선, 요쓰바시四つ橋 선의
(M20, Y15, S16) 난카이난바南海難波 역 14번 출구

←
대표메뉴 기쓰네우동.
커다란 유부 두 장이 열일한다.

↓
젓가락보다 두꺼운 면발은
목젖을 때리며 넘어간다.

도톤보리, 거리는 관광객의 시선을 받으려는 욕심에 화려하게 겉치장을 한 음식점이 가득하고, 도로 위는 음식점에서 나온 수많은 호객꾼이 관광객의 발걸음을 붙잡는다. 너무 많으면 고르기가 쉽지 않다. 게다가 화려한 간판과 한껏 꾸민 미사여구는 어쩐지 신뢰가 가질 않는다. 그도 그럴 것이 도톤보리는 맛집 지도가 있을 만큼 유명한 음식점 즐비해 있지만, 정작 맛집이란 타이틀에 걸맞은 곳은 많지 않다.

차분하고 분위기의 70년 전통의 우동집

복잡하고 어지러운 도톤보리 길 사이에 홀로 조용히 독야청청 자리를 지키는 음식점이 하나 있다. 일본 전통 가옥처럼 꾸며진 목조로 된 입구와 그 옆에 홀로 서있는 버드나무는 정갈한 운치를 느끼게 한다. 겉모습만 봐서는 어떤 곳인지 알 수 없지만 문 앞에 다다르면 특유의 달콤한 국물 냄새가 새어나와 뭘 파는 가게인지 쉽게 짐작이 간다.

이마이 우동은 한자리에서 70년 넘게 명맥을 이어오고 있는 전통 명가다. 입구만 보아서는 일본 전통 가옥을 그대로 개조한 것처럼 보이는데 건물 자체는 엘리베이터를 갖춘 현대식 빌딩이다. 물론 내부는 입구 스타일에 맞게 최고급 요정이 연상되는 차분하고 기품이 느껴지는 일본 전통 분위기로 꾸며져 있다.

여우야, 여우야 뭐하니?

메뉴는 냄비우동, 우동 위에 작은 새우, 어묵, 버섯, 파 등이 얹어진 슈포쿠우동しっぽくうどん, 닭고기와 부드러운 달걀이 얹어진 덮밥 오야코동親子丼 등이 있다.
우동 본연의 맛을 느끼기 위해 인기 메뉴인 기쓰네우동きつねうどん을 주문했다. 아주 오랜 옛날, 여우를 모시는 신전이 있었는데, 여우가 유부를 좋아한다고 해서 커다란 유부

를 넣은 우동을 신전에 받쳤다고 한다. 그래서 유부우동을 '여우'라는 뜻의 '기쓰네우동'이라고 부른다고 한다.

잠시 후, 테이블 위에 우동이 올려졌다. 국물 아래로 커다란 유부만이 그릇을 가득 덮고 있었다. 순간, 면발이 보이질 않아서 주문을 잘못했나 싶어서 젓가락으로 유부를 살짝 들어 올렸다. 오동통하고 탱탱한 우동 면발이 유부 사이에서 자태를 드러냈다.
'여우우동이 맞구나.'
그제야 안도를 하고는 숟가락을 들어 국물을 떠 마셨다.

일반적으로 우동 국물은 자칫하면 너무 달기만 할 수 있는데, 이곳의 국물은 파의 환상적인 어시스트 덕인지 깊고 진한 맛이 입안 가득 퍼졌다. 면발은 찰랑거리며 그릇 밖으로 올라와서는 목젖을 사정없이 때리며 넘어갔다. 국물이 스며들어 있는 유부는 달달한 맛이 입안 가득 퍼지면서 기분을 좋게 했다.

국물까지 싹 비운 그릇을 뒤로하고 자리에서 일어섰다. 주위는 처음 들어올 때처럼 차분한 분위기로 호로록 면발을 삼키는 소리와 후루룩 국물을 마시는 소리만 들릴 뿐이었다. 이 소리는 마치 이곳에서는 먹는 데에만 집중하자는 무언의 약속처럼 느껴졌다.

tip
• 한국어로 된 메뉴판이 구비되어 있다. 메뉴 이름은 물론 메뉴에 대한 설명이 잘 되어 있어 큰 어려움 없이 취향에 맞는 메뉴를 주문할 수 있다.
• 수요일은 휴무이나 공휴일인 경우는 영업을 한다.
• 보톤보리에 있는 이마이는 본점으로 신사이바시, 우메다 등 8개의 체인점이 있다.
• 포장 판매를 하기도 한다.

장인 정신으로 무장된, 다코야키의 최강자
고가류

• • •

♥ ◯ ⊲   🔖

#甲賀流 #다코야키장인 #스트리트푸드 #JMTGR #마요네즈
#마성의

 미도스지御堂筋 선 신사이바시心斎橋 역에서 (M19) 도보 2분

밀가루 반죽 속에 잘게 썬 문어를 넣고, 동그랗게 파여 있는 기계에 돌돌 돌려가며 굽는 다코야키たこ焼き는 오사카에서 시작된 오사카 최고의 명물이다. 오사카에서는 다코야키를 판매하는 가게를 쉽게 만날 수 있는데, 그도 그럴 것이 다코야키집이 오사카 내에만 약 5천 곳이 넘는다고 한다. 이 수많은 다코야키집 중에서 1, 20대 사이에서 절대적 인기를 누리고 있는 곳이 있으니 그곳은 다름 아닌 고가류이다.

미슐랭이 선택한 합리적 가격, 최고의 맛

1, 20대의 약속 장소로 유명한 아메리카무라의 산카쿠코엔三角公園(삼각공원)에 위치한 이곳은 1974년에 영업을 시작해서 현재까지 40년 넘게 다코야키를 굽고 있는 작은 가게이다. 그런데 이 자그마한, 게다가 길거리 음식을 판매하는 곳이 3년 연속 미슐랭 가이드Michelin guide 빕 구르망Bib Gourmand(합리적 가격에 훌륭한 음식을 제공하는 곳)에 이름을 올렸다. 과연 어떤 특별함이 있길래 미슐랭 가이드가 고가류를 선택했을까? 그 맛의 특별함을 찾기 위해 고가류로 향했다.

고가류는 2층으로 된 폭이 좁은 건물에 있었다. 1층에서 주문하고 다코야키를 받은 후에 2층에 올라서 먹으면 된다. 하지만 대부분의 사람들은 포장을 해서 바로 앞에 있는 산카쿠코엔의 벤치에 앉아서 먹는다. 벤치에 앉아 달콤 고소한 냄새를 풍기며 다코야키를 먹는 사람들을 보면 저도 모르게 다코야키를 입 안 가득히 넣고 우물거리고 싶어진다. 눈, 귀, 코를 자극하는 대단히 매혹적인 유혹이 아닐 수 없다.

장인 정신으로 만들다

다코야키는 위에 소스를 바르고 줄무늬 마요네즈 옷을 입힌 뒤 파슬리를 파슬파슬하

게 뿌려 완성하는 간단한 음식이지만 각각의 가게마다 나름의 비법을 갖고 있다. 고가
류는 다코야키 위에 마요네즈를 얇게 뿌리는 걸 처음 발상한 곳으로 특별한 비법을 통
해 마요네즈 본연의 맛은 살리면서 신맛을 최대한 줄였다. 이 외에 겉과 속이 모두 부
드러운 반죽은 10년의 노력으로 개발한 7가지의 육수에 비밀 재료를 황금비율로 넣
어 만들고, 문어는 횟감으로 쓰는 싱싱한 문어를 사용한다.

메뉴는 오리지널인 기본 소스와 마요네즈를 토핑한 소스마요ソースマヨ, 파를 듬뿍 토
핑한 네기소스ねぎソース, 파와 폰즈 소스를 토핑한 네기폰즈ねぎポン, 간장과 마요네즈를
토핑한 소유마요醬油マヨ 등이 있는데 소스마요가 가장 인기가 높다.

제대로 된 다코야키를 먹고 싶다면 산카쿠코엔의 고가류를 꼭 가도록 하자.

- 마요네즈, 파, 간장 소스, 전병에 싼 타
  코 등 다양한 메뉴를 팔고 있다.
- 쇼핑하거나 거리를 구경하면서 먹기
  에 좋다.
- 아메리카무라에 있는 고가류는 본점
  으로 체인점이 오사카 전역에 널리 분
  포되어 있다.
- 영업시간은 10:00~20:30.

↑
지나가던 사람도 줄 서게 만드는
마성의 다코야키.

↑
3년 연속 미슐랭 가이드에 등재된 곳.

➜
손님이 몰려 온다.
더 속도를 높여라!

바삭과 아삭의 하모니
구시카쓰 다루마
•••

#串かつだるま #本店 #소스는한번만 #골라먹는재미 #선술집
#양배추

🚇 미도스지御堂筋 선 신사이바시心斎橋 역에서 (M19) 도보 2분

다코야끼와 함께 오사카의 명물을 하나 꼽으라면 단연 구시카쓰串カツ다. 구시카쓰는 꼬치에 여러 재료를 꽂아 튀겨내는 음식으로 오사카 전역에서 쉽게 볼 수 있다. 그중 단연 돋보이는 곳이 구시카쓰 다루마. 1929년 창업한 이곳은 신선한 재료를 사용한 40여종의 구시카쓰를 판매하는 구시카쓰 전문점 이다. 구시카쓰 다루마 역시 여느 유명 음식점처럼 체인점이 많은데 그중에서 신세카이新世界에 있는 본점을 추천한다.

튀김 꼬치의 모든 것

구시카쓰 다루마는 신세카이의 복잡한 골목길에 위치하는데 눈에 불을 켜고 찾지 않는다면 지나칠 정도의, 열댓 명 남짓 앉을 수 있는 작은 선술집 같은 분위기의 가게이다. 작은 규모이니 대기 줄이 있는 건 당연한 일…. 아니 당연한 일은 아니다. 테이블 회전이 빠른 분식집이나 음식점도 아니고 술을 부르는 꼬치집에 줄을 선다는 게 과연 가능한 일일까? 불가능할 거라는 내 생각과 달리 구시카쓰 다루마 본점은 줄을 서서 차례를 기다리는 사람들로 가득했다.

일단 줄을 서기는 했지만 과연 줄이 줄기는 할까 하는 의구심을 떨칠 수 없었다. 그렇게 줄을 서서 기다리는데, 정수리 부위가 따끔거렸다. 위를 쳐다보니, 건물 2층 창문에서 미간을 잔뜩 찌푸린 얼큰이 아저씨가 큰소리를 지르고 있었다.

"소스는 두 번 찍으면 안 돼!"

이 아저씨가 바로 구시카쓰 다루마의 캐릭터이자 다루마의 대표인 우에야마 가즈야上山勝也 씨로 2층 창문에 있는 건 그의 캐릭터 인형이다. (인형이니 당연히 소리는 지르지 않았다.) 그는 원래 이카이 히데가쓰赤井英和(배우 및 방송인) 씨와 함께 다루마의 단골손님이었는데 3대 주인이 병으로 폐점 위기를 맞자, 이카이 히데가쓰의 설득으로 4대가 되어 이곳의 대를 잇게 된 것이다.

드디어 차례가 되었다는 안내를 받고 가게 안으로 들어갔다. (생각보다 차례는 금방 돌아
왔다.) 안에 들어가니 좌석이 옆의 사람과 어깨를 맞닿을 정도로 좁아서 놀랐다. 차라
리 어깨동무를 하는 게 더 편할 것 같았다. 또 수십 개가 넘는 메뉴는 적잖이 당황스러
웠다. 옆 사람이 주문한 메뉴를 커닝이라도 하고 싶지만 튀김 옷을 입어 내용물 확인
이 불가능했다. 하는 수 없이 좋아하는 재료가 섞여 있는 총본점 세트総本店セット(도테야
키와 10종의 구시카쓰)와 생맥주 한 잔을 주문했다. 생맥주와 도테야키가 먼저 테이블에
세팅되었다.
생맥주 한 잔을 들이키고 도테야키どて焼き(소 힘줄과 살코기, 곤약을 함께 조린 음식)를 먹었
다. 짭조름하면서도 부드럽게 씹히는 맛이 일품이었다. 맥주 안주로 그야말로 딱이었다.
스태프가 돈가스 소스처럼 생긴 기본 소스와 소금, 기본 찬인 양배추와 함께 구시카쓰
를 테이블에 내려 놓았다. 스태프은 친절하게 위생상 소스는 입에 넣기 전 한 번만 찍
어라, 소스가 더 먹고 싶으면 곁들여 나오는 양배추에 소스를 묻혀 먹어라, 몇몇 구시
카쓰는 소금에 찍어 먹는 것이 좋다는 등의 먹는 방법을 설명해 주었다.

소스는 한 번만 찍는다

스태프가 떠난 후 꼬치를 하나 들고 이리저리 살폈다. 입자가 고운 빵가루에 튀겨서
겉면이 마치 어릴 때 먹던 닭다리 모양 과자 같았다. 먹기 전에는 재료를 알 수 없으니
아무거나 골라 소스에 반쯤 잠기게 담갔다 입에 넣었다. 오물오물 씹어 삼킨 후 기본
찬으로 나오는 양배추를 소스에 찍어 먹었다. (양배추를 소스에 찍을 때도 젓가락 끝이 소스
에 닿지 않게 주의!) 구시카쓰를 먹고 양배추를 먹으니 양배추에서 개운한 맛이 나서 놀
랐다. 양배추가 이렇게나 맛있는 재료였구나.

입맛에 맞는 걸 추가 주문하고 싶지만, 자리가 불편해 그만 자리에서 일어났다. 생각해 보면… 이것이 빠른 테이블 회전의 비법일지 모르겠다.

tip

- 다루마는 오사카 전역에 체인점이 있어 찾기 쉽다.
- 분위기가 우선이라면 신세카이 총본점을 추천.
- 도톤보리점은 테이블이 여유가 있는 편이며 한국인을 위한 한국어 메뉴판도 제공된다.
- 무제한으로 먹을 수 있는 곳도 있다.
- 추천 메뉴 : 총본점 세트総本店セット 1,512엔, 8종 모리 세트八種盛セット 1,134엔.
- 영업시간은 11:00~22:30.

구시카쓰 다루마의 본점은
신세카이 후미진 골목에 위치해 있다.

튀기면 다 맛있다는 건 거짓말. 생강은 튀겨도 맛없다.

소 힘줄과 곤약을 된장에 졸인 도테야키는 서비스.

최상급 돼지고기로 만든 돈가스
에페

• • •

♥ ◯ ⊿   ⎗

#Epais #미슐랭돈가스 #인생맛집 #예약필수 #런치 #질좋은돼
지고기 #노쇼

 JR도자이東西 선 기타신치北新地 역 (JR-H44) 5번 출구에서 도보 5분

유흥가에서 숨은 보석 찾기.

이게 바로 미슐랭 별맛 돈가스

머시룸, 히말라야, 마추픽추.
그렇다.
소금의 이름이다.

JR 기타신치北新地 역의 에페Epais는 바와 클럽이 가득한 번화가에 숨어있는 돈가스 전문점이다. 오사카 미슐랭 가이드Guide Michelin 빕 구르망Bib Gourmant에 선정된 이곳에서는 육즙이 가득한 고급 돈가스를 저렴한 가격에 맛볼 수 있다. 하지만, 아쉽게도 저렴한 가격은 런치 메뉴에만 한정되어 있고 디너에는 메뉴의 가격이 훅 올라간다. 그러다보니 런치 예약은 가히 전쟁이라 해도 과언이 아닐 정도로 치열하다. 단, 해외 관광객 예약은 불가능하다고. 관광객의 노쇼에 많이 질린 듯하다.

돼지고기의 맛을 제대로 살린 품격

점심은 예약을 못한 관계로 포기하고 (간혹 운이 좋으면 예약 없이도 점심을 먹을 수 있다고 하는데 일정이 빡빡해서 패스) 디너 시간에 맞춰 이곳을 찾았다. 클럽이 가득한 빌딩의 엘리베이터를 타고 3층에 오르니 작은 문이 보였다. 조심스럽게 작은 문을 열었다. 돈가스 전문점이라고 하기에는 어색한, 재즈 음악이 흐르면서 클래식한 짙은 원목 가구가 곳곳에 배치된 어두우면서도 차분한 분위기였다. 규모는 명성에 비해 작은 편으로 바와 테이블 모두 합쳐서 15명 정도 들어가면 꽉 찰 것 같았다.

메뉴는 크게 안심과 등심 돈가스로 구성되어 있다. 각각은 차미돈茶美豚, 산겐돈三元豚, 도쿄X 등을 비롯한 일본의 최고급 브랜드의 돼지고기를 사용하고 육즙이 가득하게 저온에서 오래 튀겨낸다. 또 흔히 돈가스는 갈색의 돈가스 소스에 찍어 먹는데 이곳의 돈가스는 돼지고기 본연의 맛을 즐길 수 있는 소금을 찍어 먹는 것을 추천한다. 소금은 히말라야 소금, 마추픽추 소금을 비롯해 전 세계 총 10종류가 구비되어 있는데, 런치 메뉴는 1종류, 디너 메뉴에는 4종류의 소금이 돈가스와 함께 세팅된다. 가장 인기 있는 메뉴는 런치 메뉴인 1,000엔 가고시마산 차미돈 로스가스鹿児島産 茶美豚ロースカツ정식인데 예약이 꽉 차서 거의 먹을 수 없다는 게 함정. 그 다음은 도쿄X인데 도쿄 X는 디너 메뉴에만 포함되어 있으며 가격도 비싼 편이다.

도쿄X는 최상급 돼지고기답게 화려한 물결무늬의 금빛 유리 플레이트에 세팅되어 내어진다. 돈가스를 담기에 너무 화려해서 살짝 부담스럽다는 느낌이 들었다.

각각의 정식 메뉴는 애피타이저, 라이스, 미소국, 샐러드, 커피 또는 티, 미니 디저트 등이 함께 서비스되는데 세팅이 가히 예술이라 해도 과언이 아니다. 음식은 먼저 눈으로 먹고, 그다음에 입으로 먹는다는 말이 있는데 이곳이야말로 그 말이 실감났다.

예약 없이 방문 시 재료가 남아 있을 때만 손님을 받으니 주의해야 한다. 최근에는 기타신치 이외에도 오사카 역 북쪽의 지하철 다니마치谷町 선 세키메타카도노関目高 역에 체인점을 열었는데, 이곳은 자리가 많고 돈가스 이외의 메뉴도 판매하고 있다. 친절과는 거리가 있는 듯 다소 폐쇄적이긴 하지만 돈가스를 좋아한다면 꼭 한 번은 가볼 만하다.

- 오사카는 도쿄와 다르게 안심을 '히레ヒレ'가 아닌 '헤레ヘレ' 라고 부른다.
- 가고시마산 차미돈 로스가스鹿児島産 茶美豚 ロースカツ 정식 1,000엔. (등심, 런치.)
- 도쿄 X TOKYO X 3,780엔. (등심, 디너, 코스.)

세상에서 가장 귀여운 커피

R·J CAFE

• • •

#rjcafe #핵졸귀 #라테아트 #취향저격 #쿠키잔

 게이한京阪 본선 덴마바시天満橋 역 (KH03) 1번 출구에서 도보 5분

벚꽃이 아름답기로 유명한 미나미텐마코엔南天滿公園 인근, 덴마바시天滿橋 역의 강 건너 편에 위치한 R·J CAFE는 다른 곳에서는 만날 수 없는 특이한 커피 메뉴로 많은 사랑 을 받고 있는 여성 취향 저격 카페이다. 이곳의 특이한 커피 메뉴는 다름 아닌 '에코프 렛소ECO PRESSO(프레소가 이곳에서는 프렛소이다)'로, 쿠키로 된 작은 컵에 라테 아트를 얹 은 에스프레소이다. 보기에 너무 귀여워서 마시기가 아까울 정도다. 그래도 얼른 마셔 야 한다. 자칫하면 커피가 줄줄 샐 수 있다.

주머니 속에 쏙 넣고 싶은 커피

아마도 너무 예뻐서 대참사가 일어나곤 하는 모양이다. 에코프렛소를 맛있게 먹는 요 령이 적힌 안내문이 준비되어 있다. 안내문에 따르면 요령은 다음과 같다.

"카메라 준비, 바로 촬영, 스며들기 전에 마시고 먹는다. 손잡이는 아이싱으로 붙인 것 이므로 잡지 않고 양손으로 잔을 잡고 마신다."

RJ카페에서 안내하는 대로 사진을 찍고 양손으로 에코프렛소를 다 마신 후 쿠키를 먹 었다. 아이싱 덕인지 달콤하고 맛있다. 에코프렛소는 1일 100잔 한정이니 주말에는 서 두르는 것이 좋겠다. 관광객뿐 아니라 현지인에게도 인기가 매우 높아서 대기 줄이 있 는 몇 안 되는 카페로 회전율이 느린 카페의 특성상 자칫하면 오랫동안 대기해야 하는 난관에 봉착할 수 있다. 커피, 차, 케이크 이외에도 가벼운 요리와 술이 준비되어 있다.

- 쿠키 잔은 별도로 판매한다.
- 애완동물도 출입 가능.
- 월요일부터 금요일까지는 11:00~ 23:00, 토요일은 11:30~23:00, 일 요일, 공휴일은 11:30~ 18:00.

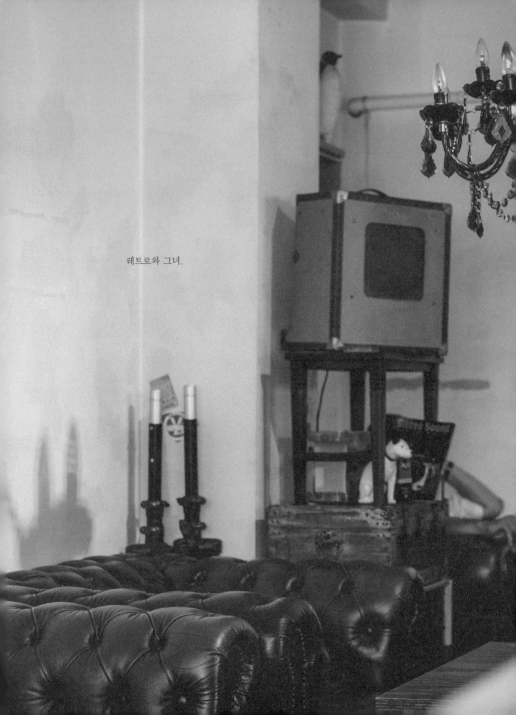

레트로와 그녀.

↑
前

↓
後

산만하지만 차분해 보여.

비가 오지 않아도 생각나는
교차바나

•••

♥ ◯ ⊿   🔖

#京ちゃばな #현지인맛집 #취향저격 #인생인증샷

 미도스지御堂筋 선, 센니치마에千日前 선, 요쓰바시四つ橋 선 난카이
난바南海難波 14번 출구 도보 3분

다코야키와 쌍벽을 이루는 오사카 맛을 꼽으라면 단연 오코노미야키お好み焼き다. 이름처럼 좋아하는 재료를 사용해 잘 달궈진 철판 위에 구워 내 소스와 마요네즈를 뿌리고 가츠오부시를 얹는 음식이다. 오코노미야키는 '오코노お好み(좋아하는)' 재료를 넣을 때마다 그 이름이 달리 불린다. 파가 들어가면 네기야키ねぎ焼き, 돼지고기가 들어가면 돈페야키猪平焼き 등 우리나라와 비슷하게 재료를 중심으로 이름을 붙인다. 동네마다 만드는 스타일도 제각각이다. 오사카에서는 양배추를 많이 넣는 반면 히로시마에서는 면을 두껍게 넣고 도쿄에서는 몬자야키もんじゃ焼き라고 누룽지처럼 철판 위에 짓이겨 만든다.

비 오는 날이 아니라도 괜찮아

오사카의 맛을 섭렵하기 위해 도톤보리道頓堀로 나섰다. 도톤보리에 있는 가게들만 들러도 오사카의 맛은 다 정복했다고 해도 과언이 아닐 정도로 유명한 체인점들과 관광객들에게 사랑받는 음식점들이 즐비하다. 맛의 격전지인 도톤보리는 관광객에겐 사랑받을지는 모르겠지만 현지인들은 '왜? 무엇 때문에 인기?'라며 고개를 갸웃거리기 일쑤다. 더군다나 먹지 않아도 맛을 알 수 있는 오코노미야키는 더더욱 그렇다.

도톤보리에 있는 수많은 오코노미야키 가게 중 현지인의 비중이 월등히 높은 교차바나京ちゃばな를 찾았다.
'비도 오고 그래서 생각이 났어~'
그렇다면야 그나마 이해할 수 있겠지만, 맑은 날 혀를 내두를 정도로 길게 줄지어 서 있는 사람들은 이해할 수 없었다. 다행히 긴 줄은 금방금방 줄어들었고, 오래지 않아 순서가 되어서 안으로 들어갔다. 1층은 요리하는 모습을 직접 볼 수 있는 카운터석으로 되어 있고 2, 3층은 테이블석으로 되어 있었다. 화려한 퍼포먼스를 보며 1층에 먹고 싶었지만 이미 만석이라 2층으로 올라갔다.

대표 메뉴인 토마토 오코노미야키, 야키소바燒きそば와 함께, 다른 곳에서 볼 수 없는 리소토Risotto를 주문했다. 리소토는 이곳의 오코노미야키 주재료가 토마토라 생긴 메뉴인 듯했다. 테이블 위에 철판이 달궈질 때쯤 야키소바가 나왔다. 간단하게 만들기 쉬운 음식임에도 잘하는 집을 찾기 힘든데, 적당히 간이 밴 면발은 다음 음식이 기대될 정도로 맛있었다. 이어 나온 리소토는 쌀이 좋아 그런지 본고장 이탈리아에서 먹는 것만큼 맛있었다. 역시 재료가 좋으면 음식이 맛있는 것 같다.

드디어 하이라이트인 토마토 오코노미야키가 등장했다. 철판 위에 오코노미야키를 올리고 토마토 소스를 뿌려줄 때는 일본에서 '스미마센すみません(죄송합니다)' 만큼 자주 쓰는 일본어 '조토마테ちょっとまって(잠시만 기다려 주세요)'가 모국어처럼 튀어 나왔다. 먹는 것만큼 중요한 게 인증 아니겠는가. 만족스럽게 사진을 찍은 후 눈으로 가벼운 사인을 보내니 다시 소스를 부어 주었다. 인스타그램 인생 피드 한 장이 늘어나는 순간이었다.

- 여자들이 좋아할 만한 토마토 오코노미야키와 아보카도 오코노미야키가 가장 인기.
- 오사카 내 신오사카, 미나비센바, 우메다 등에 체인점이 있다.
- 영업시간은 11:00~23:00. (라스트오더는 22:00까지.)

사진 좀 찍을게요. 천천히 부탁해요.

↑
시작은 언제나 야키소바.

↓
토마토 소스를 끼얹은 오코노미야키는 느끼함이 없다요.

오코노미야키 최고의 친구는 생맥주와 콜라.

일상 염탐자의 오사카 렌즈
오전 9시 35분

•••

#일상 #아침 #여유

하늘이 참 예뻤던.
어느 여름날의 아침.

↑

점심 뭐 드실라우?

←

아침을 깨우는 우체부의 힘찬 페달질.

↑
세상에서 가장 지루한 시간

→
무지개 자전거 정류장

일상 염탐자의 오사카 렌즈

오후 12시 5분

•••

#일상 #점심 #텅빈동네 #관광피크타임

천천히 거닐며.
찍고 또 찍고.
걷고 또 걷고.

←
모든 게 완벽했던.

↓
점심 뭐 해줄까?

산책하기 좋은 날.

가을 오사카.

일상 염탐자의 오사카 렌즈

저녁 7시 30분

...

♥ ○ ◁   ⊓

#일상 #저녁 #야경 #노을 #로맨틱 #가벼운발걸음 #피곤한

익숙한 퇴근 풍경.
현실 혹은 감성.
집 또는 놀고 먹고 마시고.

쫓는 자, 쫓기는 자.

노을, 바람, 내 옆에 당신.

이별直後

시선이 머무는 곳.

OTHER TRAVEL **5**

INFOR MATION

유비무환 체크리스트

필수품

✔ 여권 ☐   ☐   ☐

☐   ☐   ☐   ☐

생활 필수품

✔ 치약 ☐   ☐   ☐

☐   ☐   ☐   ☐

의류 및 기타

✔ 운동화 ☐   ☐   ☐

☐   ☐   ☐   ☐

여행 용품

✔ 가이드북 ☐   ☐   ☐

☐   ☐   ☐   ☐

tip **이런 것은 가져 가면 좋아요!**
- 비상약: 소화제, 지사제, 일회용 밴드 등은 챙기자!
- 신용카드: 현금이 부족할 수 있으니 해외에서도 사용 가능한 카드로 챙기자!

긴급 연락처

일본 내 주요 긴급 전화번호

- 범죄 및 교통사고 신고: 110
- 구급센터 및 화재 신고: 119
- 전화번호 문의: 104
- 일기예보: 117

주 오사카 대한민국 총영사관

- 업무시간: +81-6-4256-2345
- 업무시간 외: +81-90-3050-0746 / +81-90-5676-5340
- 영사콜센터(서울, 24시간): +82-2-3210-0404

카드 분실 신고 번호

- KB국민카드: +82-2-6300-7300
- 하나카드: +82-1800-1111
- 우리카드: +82-2-6958-9000
- 신한카드: +82-1544-7000
- 롯데카드: +82-2-1588-8300
- 삼성카드: +82-2-2000-8100

*카드 분실 신고는 전화, 홈페이지, 은행사 어플을 통해서 가능

필수! 여행 일본어

거리에서

이 근처에 ⬭가 있나요?

この へん に ⬭ は ありますか。

코노 헨 - 니 ~와 아리마스까?

> 🔤 '잠깐만요', '말씀 좀 묻겠는데요'의 느낌으로 '스미마셍 – [すみません]'이라고 먼저 말을 건 뒤에 물어보자.

ATM기

エーティーエム
ATM

에 - 띠 - 에무

편의점

コンビニ

콤 - 비니

마트

スーパー

스 - 파 -

백화점

デパート

데빠 - 또

약국

くすりや やっきょく
薬屋・薬局

쿠스리야・얏 - 쿄꾸

일식 주점

い ざか や
居酒屋

이자카야

관광지도 한 장 주세요.	地図を 一枚 ください。 치즈오 이찌마이 쿠다사이.
(택시를 이용할 때 주소 등을 보여주며) 여기로 가주세요.	ここに 行って ください。 코꼬니 잇 – 떼 쿠다사이.
안에 들어가도 되나요?	中に 入っても いいですか。 나카니 하잇 – 떼모 이이데스까?
어디에서 표를 사나요?	きっぷは どこで 買えますか。 킷 – 뿌와 도꼬데 카에마스까?
여기에서 사진 찍어도 되나요?	ここで 写真を 撮っても いいですか。 코꼬데 샤싱 – 오 톳 – 떼모 이이데스까?
사진 좀 찍어주시겠어요?	写真を 撮って もらえませんか。 샤싱 – 오 톳 – 떼 모라에마셍 – 까?

식당에서

⬜ 주세요.
⬜ お願いします。
_{ねが}
~ 오네가이시마스.

메뉴판 メニュー 메뉴 - 	앞접시 取り皿 토리자라
젓가락 お箸 오하시 	숟가락 スプーン 스뿡 -
소금 塩 시오 	후추 胡椒 코쇼 -
간장 醤油 쇼 - 유 	식초 お酢 오스
마요네즈 マヨネーズ 마요네 - 즈 	케첩 ケチャップ 케찻 - 뿌

(지도를 보여주며)
이 가게는 어디예요?

この お店は どこですか。
코노 오미세와 도꼬데스까?

메뉴판 주세요.

メニューを お願いします。
메뉴오 오네가이시마스

(메뉴판을 가리키며)
이거랑 이거 주세요.

これと これ ください。
코레또 코레 쿠다사이.

Plus 그리고 이것도 주세요.

あと これも お願いします。
아또 코레모 오네가이시마스.

이거 어떻게 먹어요?

どうやって 食べたら いいですか。
도 - 얏 - 떼 타베따라 이이데스까?

영수증 주세요.

レシートを お願いします。
레시 - 또오 오네가이시마스.

물 한 잔 주세요.

お水を 一杯 ください。
오미즈오 잇 - 빠이 쿠다사이.

쇼핑에서

⬭을 사고 싶은데요.
⬭ を買いたいんですが。
~오 카이타인 - 데스가.

손목시계
腕時計
우데도께 -

반지
指輪
유비와

귀고리
イヤリング・ピアス
이야링 - 구·피아스

담배
タバコ
타바꼬

라이터
ライター
라이따 -

우산
かさ
카사

모자
帽子
보 - 시

화장품
化粧品
케쇼 - 힝 -

티셔츠
ティシャツ
티샤츠

청바지
ジーンズ
진 - 즈

운동화
スニーカー・運動靴
스니 - 까·운도 - 구쯔

이거 입어봐도 되나요?	これ、試着して みても いいですか。 코레 시차꾸시떼 미떼모 이이데스까?
탈의실은 어디예요?	試着室は どこですか。 시차꾸시쯔와 도꼬데스까?
(쇼핑할 때) 저것을 보여주세요.	あれを 見せて ください。 아레오 미세떼 쿠다사이.
다른 거 있나요?	ほかの 種類は ありますか。 호까노 슈루이와 아리마스까?
카드로 계산해도 되나요?	カードでも いいですか。 카 – 도데모 이이데스까?
이거 교환하고 싶은데요.	これ、交換して もらいたいんですが。 코레 코 – 깐시떼 모라이따인 – 데스가.

인사하기

안녕하세요.(아침인사)
おはようございます。
오하요 – 고자이마스.

안녕하세요.(점심인사)
こんにちは。
콘 – 니찌와.

안녕.(아침인사)
おはよう。
오하요 –.

안녕하세요.(저녁인사)
こんばんは。
콤 – 방 – 와.

잘 먹겠습니다.
いただきます。
이따다끼마스.

잘 먹었습니다.
ごちそうさまでした。
고찌소 – 사마데시따.

(정말) 고맙습니다.
(どうも)ありがとうございます。
(도 – 모)아리가또 – 고자이마스.

すみません。
스미마셍 –.

천만에요.
いいえ。
이이에.

どういたしまして。
도 – 이따시마시떼

(대단히) 죄송합니다.
(どうも)すみません。
(도 – 모)스미마셍 –.

申し訳ありません。
모 – 시와께아리마셍 –.

괜찮습니다.
いいえ。
이이에.

大丈夫です。
다이조 – 부데스.

숫자 읽기

1 一 이치	2 二 니	3 三 상	4 四 시/용-	5 五 고	6 六 로꾸
7 七 시치/나나	8 八 하치	9 九 큐-/쿠	10 十 쥬-	11 十一 쥬-이치	12 十一 쥬-니
13 十三 쥬-상-	14 十四 쥬-용-	15 十五 쥬-고	16 十六 쥬-로꾸	17 十七 쥬-시치	18 十八 쥬-하치
19 十九 쥬-큐-	20 二十 니쥬-	30 三十 산-쥬-	40 四十 욘-쥬-	50 五十 고쥬-	60 六十 로꾸쥬-
70 七十 나나쥬-	80 八十 하치쥬-	90 九十 큐-쥬	100 百 햐꾸	1000 千 셍-	10000 万 망-

나의 첫 자유여행 ∠

오사카 인
트래블 그램

초판 인쇄 | 2019년 2월 15일
초판 발행 | 2019년 2월 25일

저자 | 방병구
발행인 | 김태웅
편집장 | 강석기
마케팅총괄 | 나재승
제작 | 현대순
기획 편집 | 권민서, 여지영
디자인 | all design group
자료협조 | JNTO(일본정부관광국)

발행처 | (주)동양북스
등록 | 제2014-000055호 (2014년 2월 7일)
주소 | 서울시 마포구 동교로22길 12 (04030)
구입문의 | 전화 (02)337-1737 팩스 (02)334-6624
내용문의 | 전화 (02)337-1762 dybooks2@gmail.com

ISBN 979-11-5768-483-0 13980